KEXUE RENSHI HUAFEI:
LIANGSHI DE “LIANGSHI”

科学认识化肥：
粮食的“粮食”

张福锁　黄成东　张卫峰◎主编

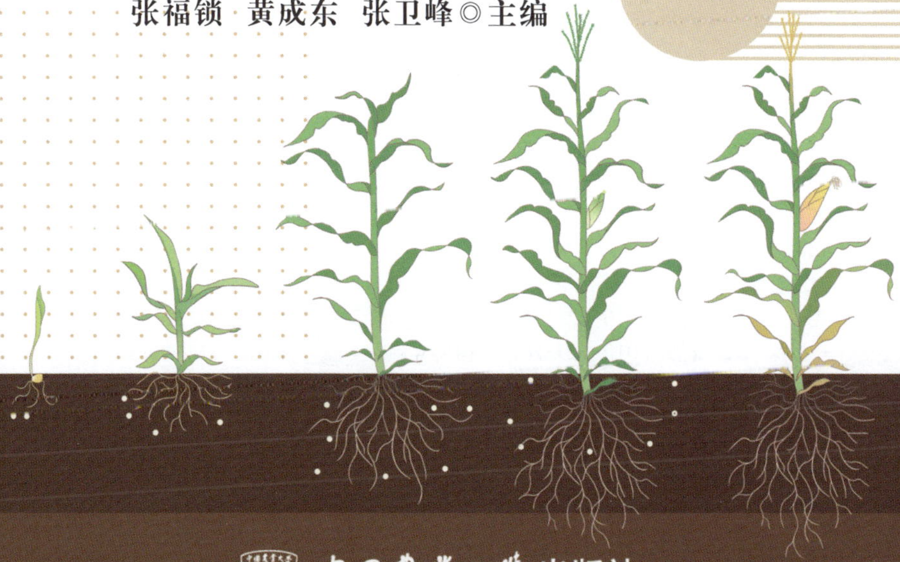

中国农业大学出版社
China Agricultural University Press
·北京·

内容简介

本书围绕化肥这一主题，主要讲述了化肥是什么、有什么特点，世界及我国化肥发展历程，化肥的重要作用，科学认识化肥以及化肥与我们的未来等内容，对科学认识化肥做了系统论述，特别针对当前大众对化肥的误解做了回应，强调了科学施用化肥的重要性。本书以科普读物的形式呈现，希望能够让广大读者对化肥有正确的认识，不要“妖魔化”化肥，特别是要充分认识化肥作为粮食的“粮食”不可替代的作用，在我国现代化建设中充分发挥化肥应有的重要作用。

图书在版编目（CIP）数据

科学认识化肥：粮食的“粮食”／张福锁，黄成东，张卫峰主编. —北京：中国农业大学出版社，2021.11

ISBN 978-7-5655-2537-7

Ⅰ.①科…　Ⅱ.①张…　②黄…　③张…　Ⅲ.①化学肥料—普及读物　Ⅳ.①S143-49

中国版本图书馆CIP数据核字（2021）第055439号

书　　名　科学认识化肥：粮食的“粮食”
作　　者　张福锁　黄成东　张卫峰　主编

策划编辑　梁爱荣　　**责任编辑**　梁爱荣
封面设计　李尘工作室
出版发行　中国农业大学出版社
社　　址　北京市海淀区圆明园西路 2 号　　**邮政编码**　100193
电　　话　发行部 010-62818525，8625　　读者服务部 010-62732336
　　　　　　编辑部 010-62732617，2618　　出　版　部 010-62733440
网　　址　http://www.caupress.cn　　**E-mail**　cbsszs@cau.edu.cn
经　　销　新华书店
印　　刷　北京鑫丰华彩印有限公司
版　　次　2021 年 11 月第 1 版　　2021 年 11 月第 1 次印刷
规　　格　880 × 1 230　　32 开本　　4.625 印张　　80 千字
定　　价　32.00 元

编者

按照作者所在单位拼音排序

北京绿色农华作物科技有限公司：刘瑞丽

北京市农林科学院植物营养与资源环境研究所：邹国元

东北农业大学：彭显龙

福建农林大学：吴良泉　郭九信

甘肃省农业科学院土壤肥料与节水农业研究所：车宗贤

国家肥料产业绿色发展创新联盟

国家农业智能装备工程技术研究中心：陈立平

河北农业大学：马文奇　薛　澄

河南农业大学：叶优良

湖南龙舟农机股份有限公司

湖南农业大学：彭建伟

华中农业大学：鲁剑巍　陆志峰

吉林农业大学：高　强　冯国忠

江苏省中国科学院植物研究所：孙玉明

耐特菲姆（广州）农业科技有限公司：李长缨

南京农业大学：沈其荣　赵方杰　郭世伟　刘正辉
凌　宁　王　敏　郭俊杰　高丽敏

农业农村部科学施肥专家指导组

青岛农业大学：陈延玲　魏文良

全国农业技术推广服务中心：高祥照　杜　森　陈广锋

山东农业大学：姜远茂

山西农业大学：徐明岗

石河子大学：危常州

四川省农业科学院农业资源与环境研究所：吕世华

西北农林科技大学：李世清　王朝辉　何　刚

西南大学：陈新平　石孝均　王孝忠　张跃强　刘敦一

现代农业产业技术体系土壤与养分管理平台

云南云天化股份有限公司：赵伟丽

浙江大学：梁永超

中国氮肥工业协会：高　力

中国化工信息中心：陈　丽

中国科学院南京土壤研究所：施卫明

中国科学院遗传与发育生物学研究所农业资源研究中心：马　林

中国磷复肥工业协会：修学峰

中国农业大学：陈　清　丛汶峰　崔振岭　范明生　葛依凝
侯　勇　黄成东　江荣风　焦小强　金可默
李春俭　李　茉　李学贤　刘学军　吕　阳
米国华　申建波　田　静　王红亮　温　馨
徐东昊　徐玖亮　许　稳　张福锁　张江周
张俊伶　张　林　张卫峰　朱齐超　邹春琴

中国农业科学院茶叶研究所：阮建云　张群峰

中国农业科学院农业环境与可持续发展研究所：曾希柏

中国农业科学院农业资源与农业区划研究所：曹卫东　赵秉强

中海石油化学股份有限公司：沈　兵

前言
PREFACE

化肥是粮食的“粮食”。在过去70多年里，我国粮食生产能力大幅提升，食物供应能力不断加强，土壤肥力逐步提高，生态环境逐渐改善，这其中化肥的贡献是巨大的，功劳也是不可磨灭的。

随着温饱问题的解决和人民生活水平的日益提高，大家对吃得营养、吃得健康和环境保护越来越重视。社会上有人把化肥误解为污染物，有人认为“化肥有毒”，有人觉得瓜菜不如原来那么好吃是化肥造成的，甚至把土壤板结、环境污染等问题归结为化肥的施用。社会上出现了“妖魔化”化肥的现象，提出“禁止施用化肥”“消灭化肥”等不科学的说法。为了科学认识化肥，我们组织全国资源与环境方面的专家，针对社会上对化肥容易产生的一些误解，做了相应的科学解释，并就如何科学施肥提供了有关知识和技术要点。本书主要内容于2021年3月14日在中央电视台财经频道《中国经济大讲堂》栏目以《化肥，你真的了解吗》为题播出。在电视节目的基础上扩充成此书，并力争以科普读物的形式使广大读者对化肥有正确的认识，进一步发挥化肥在农业高质量绿色发展中的重要作用。

本书的编写工作得到了来自农业部门、科研院校、企业等几十位同行专家的大力支持，几经讨论成稿，是集体智慧的结晶。与此同时，本书编写工作还得到了其他同行专家、老师和学生的支持和关注，他们提供了许多精美的图片，在此表示诚挚的谢意！感谢农业农村部种植业管理司肥料与节水处、全国农业技术推广服务中心肥料技术处、农业农村部科学施肥专家指导组、国家肥料产业绿色发展创新联盟、现代农业产业技术体系土壤与养分管理平台等的大力支持。

由于编者水平有限，有疏漏或不妥之处敬请读者批评指正。

张福锁

2021年5月

目 录
CONTENTS

1 化肥是什么？

化肥应用有 200 多年历史，已经成为现代农业的基本物质保障。目前化肥已经广泛应用于粮、棉、油、果、菜、茶等农产品生产。施用化肥 200 多年来，农业生产迅猛发展，人口持续快速增长，人们的生活水平和营养水平大幅提高，人类文明进步呈现指数级增长，彻底打破了传统农业依赖地力自然恢复的瓶颈。化肥在我国的应用已有百年的历史，但人们对化肥仍然是“不识庐山真面目”。

1.1 植物必需营养元素

同人类吃饭一样，植物也需要“吃饱”才能正常生长；植物只有“吃饱吃好”了，才能茁壮成长，才能给人类提供所需食物，保障人类营养健康。植物所需的“饭”就是植物必需营养元素，是植物正常生长发育必不可少的营养物质。判断元素是否为必需营养元素，一般有 3 个标准：不可缺少性、不可替代性和直接功能性。

截至目前共发现有 17 种植物必需营养元素，其中：

（1）非矿质元素：碳（C）、氢（H）和氧（O），是组

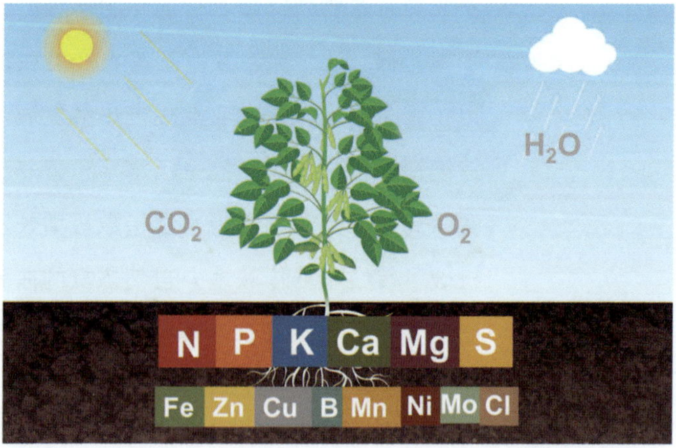

植物必需营养元素

成一切有机物和生物最基本的元素，主要来自大气和水，其占植物干重的 90% 以上；

（2）矿质元素：按照其含量大小，一般分为大量元素和微量元素。

大量元素包括：氮（N）、磷（P）、钾（K）、钙（Ca）、镁（Mg）和硫（S）；

微量元素包括：铁（Fe）、锰（Mn）、铜（Cu）、锌（Zn）、硼（B）、钼（Mo）、氯（Cl）和镍（Ni）。

17 种必需元素

作物 (%)	元素	人体 (%)
45	碳（C）	18.5
6	氢（H）	9.5
45	氧（O）	65
1.0	氮（N）	3.3
0.2	磷（P）	1
1.5	钾（K）	0.4
0.5	钙（Ca）	1.5
0.2	镁（Mg）	0.1
0.1	硫（S）	0.3
0.03	微量元素	<0.01

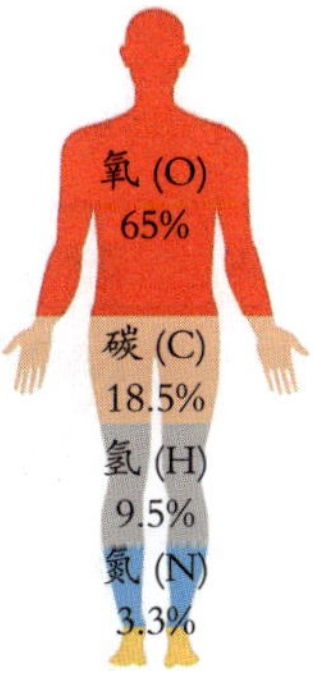

25 种必需元素

植物和人体必需营养元素分布比例

1.2 营养元素缺乏症状

每种营养元素都有其重要的、不可替代的生理功能，缺少任何一种营养元素，作物都长不好，比如缺氮会导致玉米下部叶片发黄，缺磷导致玉米叶片呈现紫红色，缺钾导致大豆叶片边缘发黄，缺钙导致番茄果实脐腐病，缺镁导致百香果叶片脉间失绿。对作物来说，这些必需营养元素主要来自土壤介质、生长环境和施用的肥料。

植物营养元素缺乏症状

1.3 土壤养分和环境养分

◇ 土壤养分

土壤养分是土壤为植物生长提供的能直接或经转化后被植物吸收利用的营养物质。土壤养分主要来自土壤母质风化、土壤物质转化而来的养分和农业生产中通过施肥积累在土壤中的养分，其中能够直接或快速转化后被植物吸收利用的有效养分不足 1%。

总体来讲，如果作物吸收量大于施肥量，土壤养分就会出现亏缺或耗竭。如果施肥量超过作物带走养分量，土壤养分就处于不断富集的过程，从而使得土壤养分含量越来越高。在过去几十年，我国氮、磷、钾肥料投入量较大，土壤养分含量不断提高。

◇ 环境养分

环境养分是来自大气圈、水圈和岩石圈，通过物理、化学或生物学过程进入陆地和水生生态系统的各种养分的统称。环境养分包括大气沉降、灌溉水、生物固氮、种子或种苗带入的养分，与土壤养分、肥料养分形成了作物养分的三大来源。随着工业化程度的提升，人类活动导致的大气活性氮排放急剧增加，全球大气氮沉降已经由 1860 年的 3.1×10^7 吨 / 年增加到目前的 9.4×10^7 吨 / 年。

对于作物来说，土壤养分和环境养分均是其养分的重要来源，利用好这两部分养分，能够有效减少肥料投入的养分，提高肥料利用率。

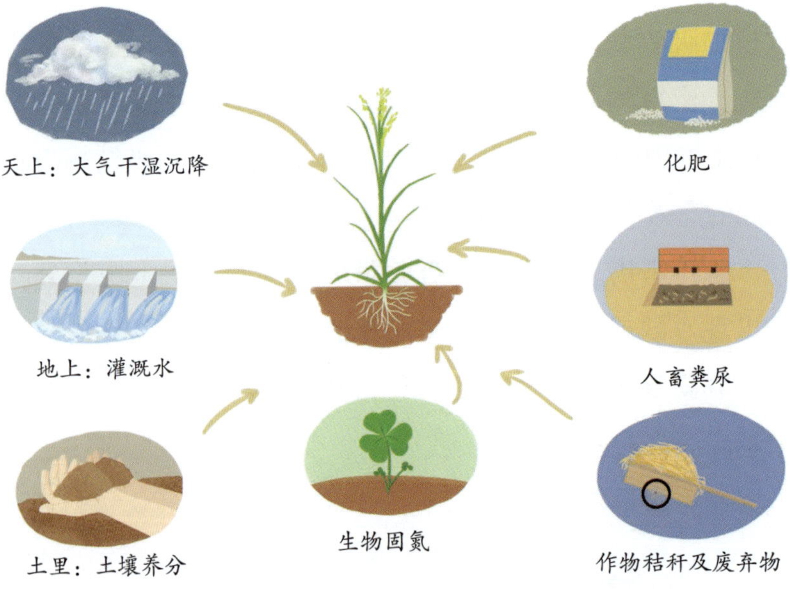

作物养分的来源

1.4 为什么要施肥?

“万物土中生”，土壤可否提供作物生长需要的所有养分？一般不行，因为土壤养分供应无论从数量上还是时间上，都无法持续不断地满足作物高产的需求，因为：①土壤养分供应量往往低于作物对养分的需求，特别是大量营养元素氮、磷、钾；②土壤养分供应与作物需求在时间上不匹配，土壤中的养分往往不能满足作物快速生长阶段的需求；③土壤养分供应不能满足连续高产种植的需求。

（1）数量上：土壤养分供应量低于作物养分需求；

（2）时空上：土壤养分供应与作物需求在时空上不匹配；

（3）可持续性：土壤养分供应不能满足连续生产的需求。

以河北曲周冬小麦为例，连续 10 多年不施用氮肥的土壤只能提供高产小麦所需氮养分的 1/3，所以要高产就需要施肥，通过施入肥料弥补土壤养分供应的不足，从而保证小麦连年持续高产稳产。

河北曲周小麦 12 年不施氮肥（上）和施氮肥（下）

1.5 肥料及其分类

1959年毛主席在《关于养猪的一封信》中说："肥料是植物的粮食，植物是动物的粮食，动物是人类的粮食。"肥料是粮食的"粮食"，这是对肥料最通俗的理解。一般来说，肥料是指含有一种或多种植物所必需的营养元素，来源于自然或人工合成的物质，能够给植物生长发育提供所需的养分，同时具有提高土壤肥力、促进作物生长、提高作物产量和改善作物品质的作用。

肥料是粮食的"粮食"

肥料是植物的粮食，植物是动物的粮食，动物是人类的粮食

——毛泽东，1959年

“肥料”一词起源于近代，在此之前我国一般将肥料称为“粪”或“粪肥”，施肥则称为“粪田”。肥料能够用于调节植物养分吸收与土壤养分供应间的供需矛盾，为植物生长直接或间接提供营养。

通常按照肥料的来源与组分的主要性质，可以将肥料分为有机肥料、化学肥料（化肥）和生物肥料三大类。其中化肥是我国应用最为广泛的一类肥料。

1.6 化肥是什么？

化肥是利用化学和（或）物理方法制成的含有一种或多种植物生长所必需的营养元素的肥料，其养分一般呈无机盐形态。简单而言，化肥就是给作物提供营养的一类物质。

多种多样的化肥

1.7 化肥的特点

◇ 化肥养分浓度高，成分明确，可以控制施用时间和用量

化肥中氮养分含量一般高于 20.0%，是传统有机肥的 10 倍以上（动物粪尿和绿肥中氮含量一般不超过 2.0%）。例如，最早应用的氮肥产品——硫酸铵含氮量为 21.0%，而现代主要氮肥品种——尿素含氮量为 46.0%。另外，由于化肥工业生产拥有标准化体系，产品中养分含量偏差极小，一般要求不超过 1.0%，如粉状磷酸一铵优等品总氮含量为 11.0%，则实际含量不应低于 10.0%。有机肥中所含养分种类虽然比较丰富，但一般养分含量少、变异大，不同原料来源其养分含量各不相同，例如牛粪中的氮含量约为 1.4%，而鸡粪中的氮含量约为 2.3%。

化肥一般明确要求标注主成分含量，对于副成分含量也有清楚的限定。例如，传统法生产的磷酸二铵产品，按等级分为合格品、一等品和优等品，养分配合式（$N-P_2O_5-K_2O$）分别为 14–39–0、15–42–0 和 18–46–0；又如复合肥

料产品，除规定了氮、磷、钾总养分含量要求之外，还具体规定了氯离子含量。此外，含有中微量元素的一些肥料，也均对相应元素含量提出了要求。例如，最新发布的农业行业标准《大量元素水溶肥料》（NY/T 1107—2020）规定，若添加钙或镁元素，则钙或镁元素含量不低于 0.1% 或 1 克 / 升；若添加微量元素，则单一微量元素含量不低于 0.05% 或 0.5 克 / 升。而在有机肥中，养分成分和含量都随原料来源、加工方式等发生变化，基本无法明确主成分和副成分，即使目前的商品有机肥，也只规定氮、磷、钾总养分含量大于等于 5%。

化肥养分浓度高，成分明确，可以控制施用时间和用量

含氮量（%）

化学氮肥	
尿素	46%
硫酸铵	21%
碳酸氢铵	17%
尿素硝铵溶液	28% ～ 32%
氯化铵	25%

VS

有机肥（干基）	
牛粪	1.41%
羊粪	1.38%
猪粪	0.94%
鸭粪	1.66%
鸡粪	2.34%

◇ 化肥用量少，降低劳动强度

满足一亩农田 10 千克的氮素需求只需要不到 25 千克尿素，一个劳动力徒手用半天就可以轻松施入土壤，而相同含氮量的有机肥则需要 1 000 千克（即 1 吨）以上。在没有机械的时代，这些有机肥的收集、堆沤、运输、施用需要花费几个月的时间和很多劳力。化肥将农户从繁重的肥料收集、堆沤等劳动中解放了出来，极大地提高了农民的劳动生产效率。

化肥用量少，降低劳动强度，解放生产力

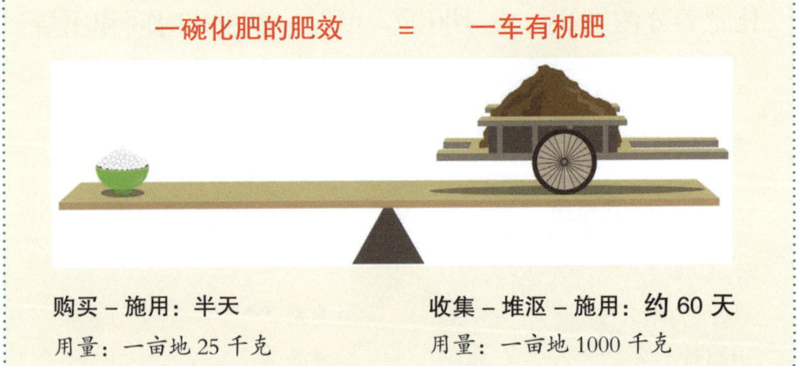

◇ 化肥肥效快，利于作物及时吸收

化肥中的养分主要是作物可以直接吸收利用的无机形

态（如 NH_4^+、NO_3^-、$H_2PO_4^-$），遇水溶解就能释放出来，相当于运动场上的短跑百米冲刺。而有机肥则相当于是运动场上的马拉松长跑型选手，速度慢，养分释放持续时间长，其中 80% 以上的养分是有机形态的，需要经微生物转化为 NH_4^+、NO_3^-、$H_2PO_4^-$ 等，才能被作物吸收利用。

有机肥的养分释放周期在温度 25℃时为 100 天以上，低温情况下会更长，这就意味着有机肥一般需要提前施用，这对于一年两熟或者多熟的作物生产区域来说是非常困难的。例如，华北地区是冬小麦－夏玉米轮作种植体系，夏玉米是 6 月种植，考虑到有机肥的养分释放周期则需要在 3 月施用有机肥，而 3 月地里的小麦已经长起来了，很难把有机肥施入农田。玉米生育期约 120 天，在播种后 40 多天玉米就会达到养分快速吸收阶段，有机肥养分释放慢，无法满足作物快速吸收养分的需要，就会导致玉米生长前期养分不足，而生长后期有机肥养分释放出来又会导致玉米贪青晚熟。

为了更科学地表达化肥的速效性和有机肥的长效性，可以通过一个案例来加以说明。化肥能在作物快速生长时期快速高效地供应养分，以玉米拔节期为例，这一时期玉米生长速度非常快，需要大量的养分供应，有机肥养分释放缓慢，远远不能满足玉米快速生长对养分的需求，而化肥则可以快速供应所需的养分，满足作物生长需要。用一组数据来说明，在一周的时间内，尿素氮的释放可以超过80%，而有机肥则只有10%。

化肥见效快，利于作物吸收

化肥可在作物最大营养效率期高效供应养分

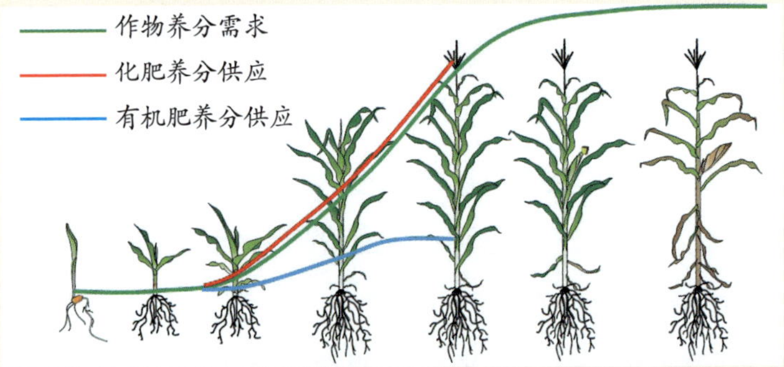

7 天氮素释放对比

尿素：80%　　有机肥：10%

◇ 化肥溶解性高，可以多种方式施用

化肥因为溶解性很高，可以通过施肥后灌溉或水肥一体化，甚至可以通过人工或无人机叶面喷施等方式施用。而传统的有机肥只能以基肥的形式施用于土壤，所以化肥极大地提高了施用的便捷性。

化肥溶解性高，可以多种方式施用

多样化的施肥方式，可有效提高养分吸收效率和施用便捷性

◇ 化肥成百万倍地提高了肥料供应效率，突破了土地对农业发展的桎梏

在一块 150 亩土地上建立的合成氨厂每天可以生产 3000 吨氮，一年的产量能够满足 1000 万亩农田维持 400 ～ 500 千克 / 亩的粮食产量，比传统生物固氮效率提高约 100 万倍。化肥让农田从培肥到生产的长周期转变为连续生产的短周期，极大地提高了农田产出效率。同样，如果不用化肥，完全依赖于生物固氮（只有少数植物具有这种能力），以现在的生物固氮能力计算（150 亩土地每年固氮 1 吨），满足全

国 3000 万吨氮肥供应，需要 45 亿亩左右的土地，即使考虑一年两熟，也需要大约 23 亿亩土地，而我国仅有 20 亿亩耕地，种植了生物固氮的豆类作物，就无法再种植其他粮食、蔬菜和果树等作物了。所以走回传统农业生产方式，根本养活不了我们现在的人口。

化肥成百万倍地提高了肥料生产供应效率

工业固氮 300 万千克 / 天 = 3 千克 / 天 ×100 万

2 化肥发展历程

人类对饮食、医药需求越来越精致，功能性食品和药品种类日新月异、不断发展，能做到高效和有针对性，需要什么补什么。而随着现代农业的发展，肥料也需要不断满足作物生长的精细化需求。从夏商周时期的刀耕火种原始农业生产方式开始，人们利用草木焚烧后的地表灰肥作为肥料（植物体燃烧后的灰分，这是刀耕火种时期的主要肥料），灰肥中的养分以钾为主，兼有磷、钙等养分，而作物需求的大量元素氮则很少，所以不能很好地提高作物产量。到了秦汉时期开始施用粪肥，《氾胜之书》

中有相应的记载。再到魏晋南北朝时期，可利用的粪肥极为有限，只好广辟肥源，绿肥得到了很好的发展，农书《齐民要术》中记载了绿肥栽培与利用技术。如在绿豆田耕翻后种谷子，每亩能够收获 600 千克谷子（按照 1 亩 10 石产量计算，1 石 ≈ 60 千克），当时一般亩产只有 200 千克。有机肥的种类越来越丰富，养分种类多但含量低，仍不能满足作物的精细化需求。直到 18 世纪工业革命开始，才实现了肥料商品化，高浓度的化肥产品真正出现了，能精准提供某一种元素或几种元素的化肥的诞生是肥料产业的重大革命，也开启了现代农业之路。

可以说，化肥是人类最伟大的发明，没有化肥，我们不可能有今天这么多的粮食。因此，化肥让中国 14 亿人口吃饱吃好、过得更好；化肥也让全球 78 亿人口过得更好。

化肥是人类迄今为止拥有的最先进的肥料

夏商周：灰肥	秦汉：粪肥	晋朝：绿肥	工业革命：化肥
刀耕火种，增加肥力 钾、磷、钙等养分	粪尿还田，提高产量 全部必需营养元素	种植绿肥，提高养分 全部必需营养元素	肥料商品化，高浓度 全部必需营养元素
养分种类少、含量低	种类多、含量低、收集难	周期长、与粮争地	含量高、易施用

2.1 闪电固氮和生物固氮

闪电固氮是利用闪电产生的能量，将大气中的惰性氮气转化为植物可吸收利用的有效态氮的过程。闪电会导致附近空气快速加热和膨胀，然后冷却和收缩，从而产生声音冲击波——雷声。在此过程中，闪电会将大气中的空气分子离子化，蓝紫色的闪电其实是激发态的氮和氢原子发出的光。在高温下，产生的闪电使得氮和氧结合形成氮氧化物。这些氧化物溶解在雨中，形成硝酸盐，这就是植物可吸收利用的活性氮。目前全球每年通过闪电固定的氮素有1900万吨。

生物固氮是固氮微生物将大气中的氮气还原成氨的过程。地球上早期生物主要依靠闪电转化的很小一部分氮，8亿年前有一些生物可以将大气中的氮合成为氨，为其他微生物、植物提供营养，进一步合成蛋白质等营养物质，进而为动物和人类提供营养，由此形成了地球上丰富的食物链。目前全球每年生物固氮量约为1.7亿吨。

虽然闪电固氮和生物固氮每年产生的有效态氮有一定的数量，但是人类不能够有效地控制其产生的时间和数量，因此很难满足高产农作物的氮素需求。

远古的闪电固氮和生物固氮支撑着大自然界的繁荣

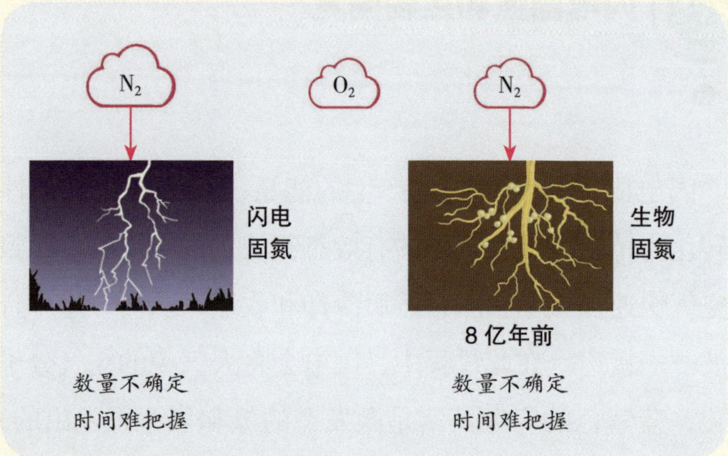

大气中78%是氮气，但大多数作物不能直接利用。

- 闪电固氮和生物固氮保持着地球生命的低生产力，每公顷只能养活6～7位素食者。
- 只能让极少部分的生物保持高生产力。

2.2 世界化肥的发展

化学氮肥起源于欧洲，是工业革命的产物。1800 年，英国率先从工业炼焦中回收硫酸铵作为肥料，但供应效率并不高，远远不能满足农业生产的需要。后来人们在秘鲁钦查群岛上发现了亿万年来形成的厚厚的鸟粪石，这是富含氮、磷养分的肥料，秘鲁政府靠出口鸟粪石获得了大量财政收入，由此进入了一个繁荣时期，即“鸟粪时代”，但是由于鸟粪数量有限，并不能满足全球粮食生产需求，“鸟粪时代”只持续了 40 年。直到 1908 年德国发明了现代合成氨工艺，才实现了氮肥的规模化供应。1842 年英国科学家鲁茨制成了普通过磷酸钙，这标志着化学肥料工业的真正开始；1861 年德国在施塔斯富特地区开采出光卤石钾盐矿，从盐水中提取出了氯化钾，建立了钾肥工业。

秘鲁钦查群岛上的海鸟

秘鲁工人从海岛上刮取鸟粪石

（Ernesto Benavides 摄影作品）

2.3 合成氨技术

合成氨指由氮和氢在高温高压和催化剂存在条件下直接合成的氨，利用化石能源将大气中惰性氮的三价键打断，转化为具有活性键的氨。一开始用氨作火药工业的原料，为战争服务，第一次世界大战结束后，转向为农业、工业服务。随着科学技术的发展和人口的增长，对氨的需求量也日益增长。

为什么伟大：人类可以自主从自然界获取所需养分

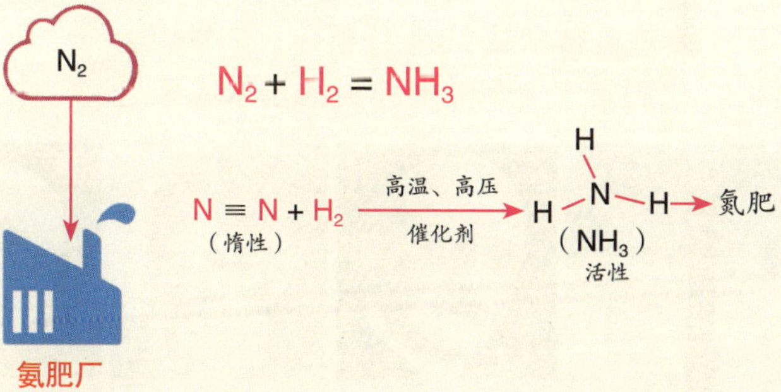

合成氨的发明，使得人类能够在数量和时间上控制氮肥生产，突破了自然界的限制。

合成氨通过工业技术将大气中的惰性氮转化为活性氮，人类实现了从数量和时间上控制氮肥的生产。氮肥是人类所需蛋白质的核心元素氮（蛋白质中氮含量约为 16%）的重要来源，合成氨技术发明以来，氮肥对全球人类蛋白的贡献约 50%，因而该技术成为 20 世纪人口增长和经济发展的主要动力。

合成氨技术是 20 世纪最伟大的发明之一，技术发明者哈伯是第一个从空气中制造出氨的科学家，使人类从此摆脱了依靠天然氮肥的被动局面，有力地推动了世界农业发展，因此于 1918 年被授予了诺贝尔化学奖。他的合作者博施，改进了高压合成氨的催化方法，并实现了工业化生产，于 1931 年荣获诺贝尔化学奖。在 2007 年，德国化学家埃

合成氨技术是 20 世纪最伟大的发明之一
化肥是工业革命最伟大的技术成果之一

德国合成氨反应塔遗址

哈伯，1918 年
诺贝尔化学奖

发明了合成氨技术，成为第一个制造出氮肥的人

博施，1931 年
诺贝尔化学奖

改进了高压合成氨的催化方法，实现了工业化生产

埃特尔，2007 年
诺贝尔化学奖

发现了合成氨的作用机理，并推动了表面化学动力学的发展

特尔由于发现了合成氨的作用机理，并推动了表面化学动力学的发展，获得了诺贝尔化学奖。由于在合成氨研究与应用上的突出贡献，三位科学家先后获得诺贝尔化学奖，这在诺贝尔奖历史上是绝无仅有的，也说明了这一技术的重要性。

2.4 我国肥料发展历史

我国肥料的最早记载应该是《诗经·周颂·良耜》，说的是西周时期利用杂草还田腐烂促进黍稷生长的事。在《氾胜之书》《齐民要术》《王祯农书》《沈氏农书》《农政全书》等农书中，对当时的肥料发展做了很多描述，较为详细地记载了有机肥料的原料、积制和施用方法等。宋元时期，我国就开始施用石灰、石膏、硫黄等。1901 年，我国台湾进口了硫酸铵（俗称肥田粉），1905 年东南沿海地区进口并施用了硫酸铵，增产效果良好。我国于 1937 年建成了第一个硫酸铵厂，1942 年建成了第一个磷肥厂，但受抗日战争影响一直没有正常生产。新中国成立初期，我国只有 2 个濒临倒闭的硫酸铵厂，年产量只有 6000 吨氮，还不能满足 60 万亩高产田的施肥需求。1958 年在察尔汗盐滩上利用原生光卤石生产出新中国第一批钾肥。20 世纪 80 年代，我国开始建设氮磷钾复合肥料厂，到 90 年代时，复合肥料得到了快速发展，目前我国已成为世界上最大的复合肥料生产国。到 1991 年，我国的氮肥产量跃居世界第一位，2005 年起我国磷肥产量位居世界第一位，目前自产钾肥还不能完全满足农业生产需求。

新中国成立后，著名科学家侯德榜先生真正开启了我国化肥工业建设，他是我国重化学工业的开拓者，也是近代化学工业的奠基人之一，是世界制碱业的权威。侯德榜先生在新中国成立前还曾帮助印度建立碱厂，受国家领导人的邀请，他历时50天绕道中国香港和朝鲜于1949年7月回到祖国，受到了毛泽东主席和周恩来总理的接见，毛主席提出殷切的希望："革命是我们的事业，工业建设要看你们的了，希望共同努力建设一个繁荣富强的新中国。"此后，侯德榜先生正式投入新中国化工事业，1958年他开始在上海规划建设合成氨厂，和全体组员同吃、同住、同班倒，历时8年，终于在1965年成功创建了"联碱法"制取

我国化肥来之不易

- 1949年，绕道中国香港、朝鲜，历时50天回国
- 1958年，68岁，和组员同吃、同住、同倒班，历经8年，于1965年创建"联碱法"合成氨流程制取碳酸氢铵新工艺，获得国家重大发明奖

侯德榜

碳酸氢铵

- 我国独有的小氮肥工艺
- 在全国推广建设了1573家小型氮肥厂
- 70年代成为化肥的主产品
- 80年代后，占全国氮肥一半

碳酸氢铵新工艺，形成了我国独有的小氮肥工艺，获得了国家重大发明。在20世纪80年代小氮肥产量占到了全国总产量的一半，为我国农业生产施用氮肥提供了基本的物质保障。

在技术创新突破的同时，国家也给予化肥工业全面的保障措施。1959年毛主席到安徽合肥氮厂视察时说“一个化肥厂可以解决一个公社问题，一亩地几十斤化肥就基本解决了……”国家把化肥工业提升到优先发展的战略高度，给予了最大的资源和政策保障。在碳酸氢铵技术突破后，为了进一步提升化肥供应能力，20世纪70年代开始，在人均年收入才213美元，许多人都无法解决温饱问题的艰难时刻，国家先后花费数十亿美元引进了国外31套大型氮肥生产装置。

不惜成本，举全国之力，成套引进装置

20世纪70年代，引进 **13** 套大型合成氨和尿素生产装置

20世纪80年代，引进 **18** 套大型氮肥生产装置

人均收入：**213** 美元/年

数十亿美元

奖售政策

无利润统购统销政策

生产补贴

施用补贴

2013 补贴 **1000** 亿元

国家还配套了一系列政策促进化肥的生产与施用，例如奖售政策、无利润统购统销政策、生产补贴、施用补贴等。其中 2013 年一年的补贴金额就高达 1000 亿元。在 20 世纪 80 年代以前，我国化学工业投资的 40%、优质无烟块煤的 50%、进口硫资源的 60%、进口天然气的 30% 以上都用于化肥生产。为提高化肥储运能力，国家还为大中型化肥厂修建了专用铁路线、输电线、码头仓库等。针对化肥的特殊政策持续时间之长、范围之广、力度之大是其他任何商品或者工业都没有的。即使在困难时期，我国化肥用量的增长也没有停止过，国家领导人对化肥发展非常重视，有力地推动了我国农业生产发展，充分满足了目前 14 亿人口 6.7 亿吨粮食生产的需求，不得不说化肥是我国人口持续增长、经济持续发展的“压舱石”。

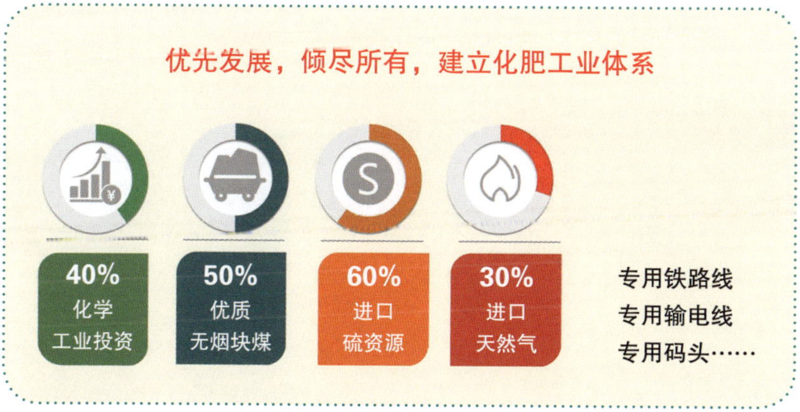

合成氨生产装置

2.5 我国氮肥发展

◇ 生产效率高、养分释放可控性增强的氮肥产品

新中国成立初期，进口化肥生产装置和材料都异常困难。秉承“自力更生、自给自足”的原则，我国开始了艰苦的化肥研发生产之路。第一次土壤普查发现我国土壤普遍缺氮，而我国仅能生产极少量的硫酸铵，由于所需的原料昂贵、生产成本高、产品养分含量低等原因，硫酸铵肥料并没有发展起来。侯德榜等科学家自 20 世纪 50 年代开始，历经 8 年努力，研发了具有中国特色的化肥技术——“联碱法”制取碳酸氢铵，这种产品制取容易，价格低廉，迅速成为我国主导产品，但其养分含量低（17%）、呈粉末状、施用不便。国家在 70 年代又引入合成氨和尿素技术，直到 90 年代才建成了现代化氮肥工业体系，生产效率大幅度提高，氮肥的养分含量提高到了 46%。目前，随着农业绿色发展需要，我国正在积极探索可以更加精准控制养分释放的高效氮肥，例如可控释、减少损失的氮肥。

硫酸铵

碳酸氢铵

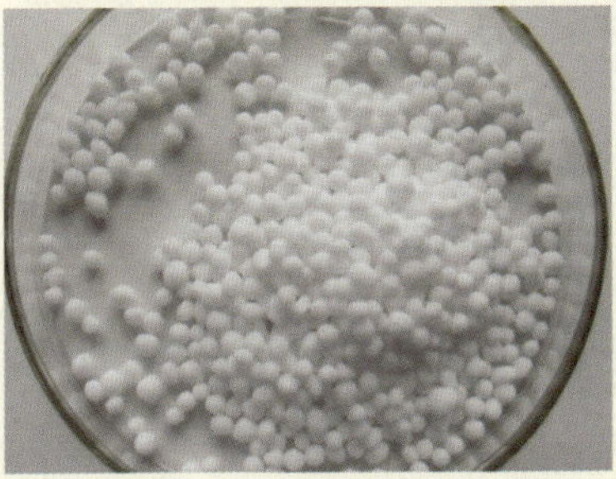

尿素

控释氮肥

- 20 世纪 50 年代，硫酸铵（21% N），成本高，粉末，含氮量低
- 20 世纪 60 年代，碳酸氢铵（17% N），成本低，粉末，含氮量低
- 20 世纪 70 年代，尿素（46% N），成本低，颗粒，含氮量高
- 21 世纪，高效氮肥，形态多样，控制释放，效率更高

2.6 我国磷肥发展

◇ 养分有效性不断提高的磷肥产品

我国磷矿资源储量少、品位低的特点决定了磷肥工业发展的艰难性和特殊性。我国在 20 世纪 40 年代开始发展过磷酸钙技术，比英国晚了整整 100 年，这种产品生产技术简单，成本低廉，具有有效养分低（P_2O_5 含量一般低于 18%）、呈粉末状、水溶性较差和施用不便等特点，同时含有钙、硫等元素，产品呈酸性，适宜于碱性土壤。随后我国又发展了钙镁磷肥产品，其有效养分含量也不够高，含有钙、镁、硫、硅等养分，呈碱性，能够改良土壤酸化，更适合应用在酸性土壤上，但也由于呈粉末状、施用量大、单养分运输成本高等原因，其发展受到一定的限制。为了得到磷养分含量更高的磷肥产品，我国成套引进了欧美先进的硝酸磷肥、重过磷酸钙等技术和装置，但由于对装置材质和磷矿品质要求严格，大规模生产受到了限制。直到 21 世纪初，磷肥产业界、科研界等根据我国的资源条件特点，成功开发了料浆浓缩法制磷酸铵的新技术，高浓度磷复肥才得以快速发展，产品中磷含量可以达到 42% 以上，可以做成颗粒型便于施用。目前我国还在积极探索养分有效性更高、更容易控制释放和水溶性更高的聚磷酸铵等现代肥料生产技术。

过磷酸钙

钙镁磷肥

磷酸二铵

聚磷酸铵

- 20 世纪 50 年代，过磷酸钙（12% ～ 20% P_2O_5），成本低，肥效较快
- 20 世纪 60 年代，钙镁磷肥（12% ～ 20% P_2O_5），成本低，肥效较快
- 20 世纪 70 年代，硝酸磷肥（≥ 12% P_2O_5），成本高，肥效快
- 20 世纪 90 年代，磷酸铵（≥ 42% P_2O_5），成本低，肥效快
- 21 世纪，聚磷酸铵等 + 磷资源综合利用，高效环保

2.7 我国钾肥发展

我国钾肥工业从 1956 年在青海察尔汗盐湖找矿开始，比国际上晚了 100 年，直到 21 世纪初研发成功“反浮选冷结晶”工艺后，才开始大规模生产，目前已经能满足国内需求的一多半。

我国钾矿资源勘探在新中国成立前几乎是一片空白，1957 年在青海察尔汗卤坑中发现了含钾光卤石矿物和原生盐湖沉积光卤石钾盐层，揭开了我国钾盐历史新的一页。1958 年我国为了缓解国内严重缺钾的局面，决定在青海建立钾肥生产基地，5 000 多名热血青年从大江南北赶赴柴达木，扎根于察尔汗的盐碱滩，利用原生光卤石生产

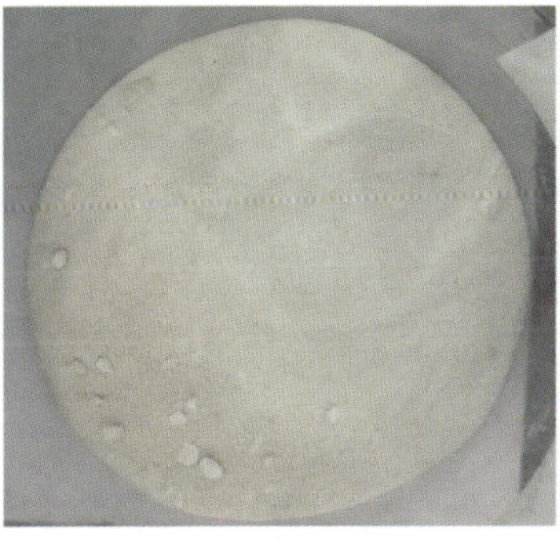

硫酸钾（粉末）

硫酸钾（颗粒）

出我国第一批钾肥——含氯化钾50%的钾肥，此时较德国1860年开采钾盐晚了约100年。我国硫酸钾生产起步较晚，1992年我国第一家曼海姆法万吨级生产装置建成，通过引进技术和资金、自主开发的形式，硫酸钾工业得以快速发展起来。60多年过去了，在中国第一大、世界第二大，氯化钾储量5.4亿吨的察尔汗盐湖上，建立了我国最大的钾肥生产基地，年产氯化钾肥800万吨，占国内总产量的85%，为保障我国粮食安全做出了不可磨灭的贡献。

2.8 我国复合肥发展

根据统计资料，我国于1959年开始施用复合肥，当年施用量为5万吨（折纯养分），经历了很长时间才被农民所接受。在20世纪70～80年代，全国开展了大量的田间肥效试验，证明了在养分形态一致的情况下，复合肥肥效略优于相应的单质掺混肥，而且复合肥具有更好的施用便捷性。自1979年开始，上海化工研究院等单位先后研发成功了团粒法工艺生产尿素－普钙、尿素－磷铵等10多种复合肥生产技术。自20世纪80年代起复合肥在化肥中的比例不断提升，20世纪90年代进入了快速发展阶段，但等比例养分通用型复合肥占据绝对主导地位。1993年，山东红日集团（原山东临沂化工总厂）开发了硫基复合肥新工艺，显著降低了硫基复合肥生产成本；到2000年后，各种改进工艺开始快速发展，尿基、硝基、氯基和硫基等各种复合肥系列品种达上千种；到2015年后，我国复合肥发展进入成熟阶段，高塔法、料浆法、挤压法、滚筒法、BB肥（物理掺混法）等生产工艺均有很大发展，作物专用肥、水溶性肥料、有机－无机复合肥等开始蓬勃发展。经过几十年的发展，我国复合肥实现了从无到有，从小到大，从单一养分比例的15–15–15（N–P_2O_5–K_2O）作物通用型到配方灵活的作物专用型，从单一品种到满足作物营养多样化需求的多品种，目前氮磷钾复合肥施用量占到了化肥总用量的40%左右，是化肥产品中的主流品种。

2.9 当前我国化肥生产现状

◇ 我国拥有全球最丰富的化肥产品和充足的供应量

日前我国化肥种类丰富、产品琳琅满目，全球化肥生产企业数量的 70% 在中国，中国化肥生产量约占全球的 24%，化肥产值占全球的 37%。尤其是肥料产品种类不断丰富，为不同区域土壤和作物提供了非常好的施肥选择。我国目前有 30 余类肥料产品，包括 14 种必需矿质元素及其他有益元素肥料，含有固体、液体等多种剂型，能够满

中国化肥种类丰富、琳琅满目，成就卓著

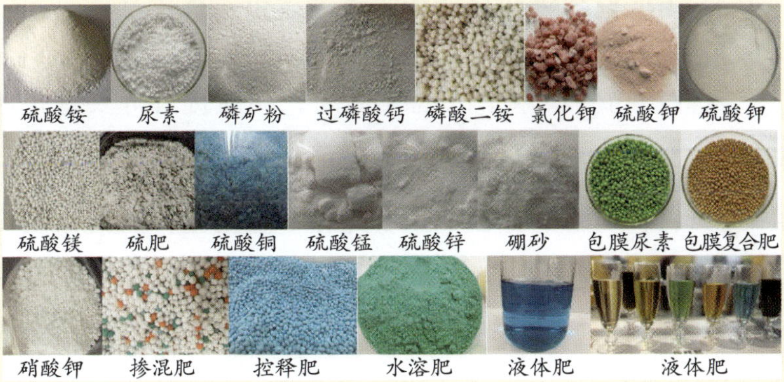

足不同施肥方式的需求。目前，我国正全面冲击新一代肥料产品，如代表全球第二代化肥产品的控释肥料在我国每年的产销量已经达到了400万吨，全面用于粮、棉、油、果树、蔬菜等种植体系。我国正从全球化肥应用中心走向全球化肥创新发展中心。

我国拥有全球最丰富的化肥产品和最大的生产能力

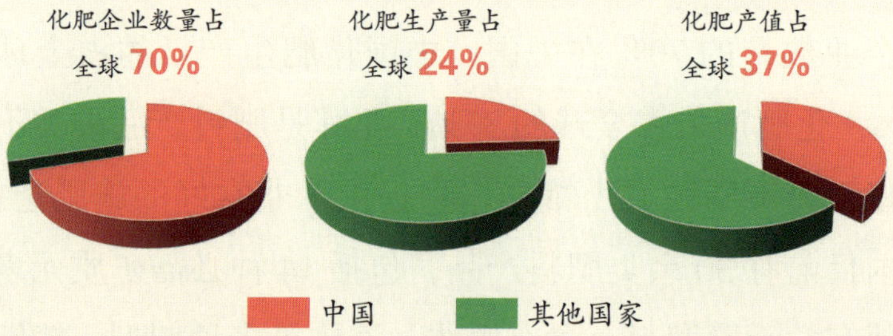

（数据来源：中国化工信息中心、中国磷复肥工业协会、国际肥料工业协会）

◇ 功能多样性的其他化肥产品支撑提质增效

随着作物生产水平的继续提高，品质提升等要求也越来越高，对于钾、镁、锌等营养元素的需求日渐凸显。目前我国具备了生产其他元素肥料的工业基础，能为植物提供所需的各种元素，包括钙肥、镁肥、铁肥等，而且也发展了可以配置富含多种元素的复合肥工业，可以为植物提供“复合维生素片”。

目前的化肥除能直接为作物提供营养之外，还具备调控土壤和调控作物的功能。针对我国土壤酸化、盐渍化等问题，我国还开发了相应的土壤调理剂（包括微生物制剂和生长调节剂）应对土传病害和障碍性生产问题；针对南方酸性土壤缺镁严重导致的产量和品质下降问题，正在快速发展镁肥产业。为提高作物抗倒伏、抗干热风、抗低温、抗干旱能力，并改善作物品质和商品性状，开发了多种肥料，如磷酸二氢钾抗干热风、硅肥抗倒伏、锌肥在东北水稻抗低温、硼肥在油菜上调节开花结籽等。为了充分发挥有机肥和化肥的配合作用，我国还创造性地开发了有机－无机复合肥等产品，实现了“中西医结合”。

1 亩地 0.5 千克硼肥，油菜花多籽粒饱满

我国化肥从无到有，在短短几十年里实现了化肥产量的巨大飞跃。新中国成立后用时 16 年实现了百万吨突破，又用时 15 年突破了千万吨，到 2015 年化肥生产量达到了 7432 万吨，生产量远远超过了施用量，每年有大量化肥出口。

2.10 当前我国化肥施用现状

自 1901 年施用进口硫酸铵开始，到 1949 年时我国每年只有 0.6 万吨氮肥施用。过去 70 年来，我国化肥施用取得了长足进步，有力地推动了农业生产。1963 年，我国化肥施用量首次突破了 100 万吨，1979 年后进入千万吨时代，化肥施用进入了快速增长期，2015 年施用量达到了顶峰，超过了 6000 万吨。但随着化肥用量增加，化肥的浪费及对环境的影响也日益凸显。随着国家实施化肥用量零增长行

冬小麦田间施肥

动的推进，化肥用量逐年下降，到 2019 年化肥施用量约 5400 万吨，其中氮肥、磷肥和钾肥分别为 1930 万、680 万和 560 万吨。

3 化肥的重要作用

20 世纪 60 年代第一次绿色革命是人类发展史上重要的里程碑，通过引进高产品种、灌溉、机械化和大量施用化肥增加了农产品供给。据联合国粮农组织（FAO）统计，20 世纪 60 ～ 80 年代，发展中国家通过施肥使粮食作物单产提高了一半以上。而化肥对于中国来说，意义更加重大，化肥让我国迈进了生产力不断上升的现代农业发展阶段。

3.1 化肥让我们吃饱

◇ 增产

新中国成立前，我国一直采用传统农业生产方式，即利用作物秸秆、人畜粪尿、绿肥等方式培肥地力，粮食产量增长极其缓慢而且长期处于较低水平。如秦汉至清朝2000余年间，我国小麦产量仅从50千克/亩增长到100千克/亩左右。而新中国成立后至今仅70余年，我国小麦平均产量达到350～400千克/亩，高产地区达到650千克/亩以上；水稻产量从1949年的126千克/亩提高到了2019年的470千克/亩。新中国成立以来粮食产量的大幅度增长既有新品种的贡献，也有化肥的贡献。大量的田间研究证明，玉米单产增长的贡献中品种占36%，化肥占52%，其他为管理因素。

举一个国际案例。英国洛桑研究所170多年的小麦长期定位试验说明，不施肥小麦产量只有70多千克/亩，施用有机肥的小麦产量平均为240千克/亩，施用化肥平均为250多千克/亩，施肥增产效果明显。化肥在保持作物持续高产的同时，也保护了土壤，使得土地的生产力越来越高。

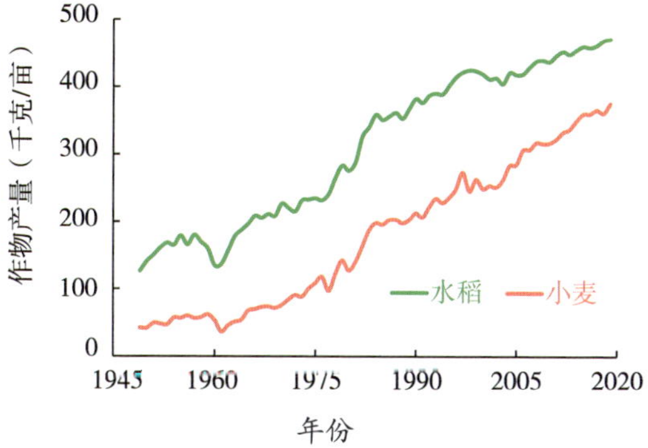

1949—2019 年我国小麦和水稻单产增长趋势

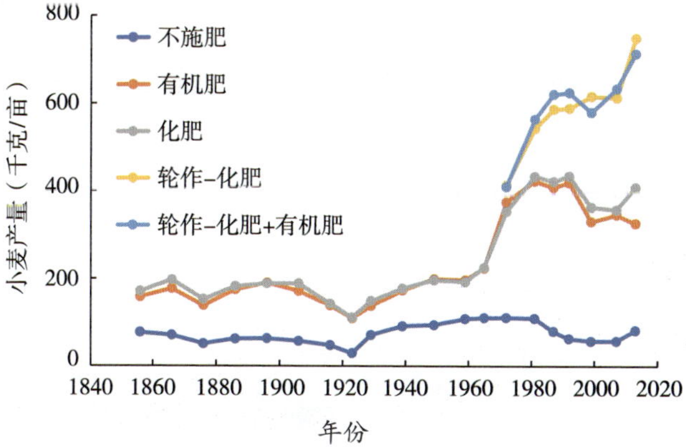

英国洛桑研究所小麦定位试验结果

◇ 稳产

化肥施用的另一个作用是提高产量的稳定性，由于农业生产极大地受制于土壤条件和气候条件，气候条件的年际变化常常导致产量降低（甚至绝产），祈求风调雨顺是历代社会官民普遍的愿望，而化肥施用可以极大地提高作物抗逆性，从而实现稳产。例如，江苏是我国的“鱼米之乡”，水稻生产常年受灾害天气影响，常见问题是10月中下旬的台风，此时水稻正好处于灌浆后期，台风往往造成水稻大面积倒伏，倒伏区域减产可达40%，通过氮肥与硅肥的科

科学施肥有效避免水稻倒伏问题

学施用，可以有效地防止倒伏。又如，黑龙江北大荒是我国的重要粮仓，生产的五常大米已经享誉全国，但黑龙江气候多变，只有通过精准的施肥调控才能保障水稻正常生长。水稻生产上早春容易受低温影响（温度会低于 15℃），此时水稻发根慢，分蘖和生长受影响，严重的使水稻贪青晚熟，减产 20% 以上。通过分蘖期施用锌肥可以促进水稻早发根、早生长；在抽穗期施用镁肥可以促进水稻灌浆，保证水稻正常成熟。

每亩 0.5 千克锌肥，给水稻盖上大棉被，抵抗低温胁迫

◇ 养活全球一半人口

直到 20 世纪前几十年，氮肥工业生产都是依赖于有限的天然活性氮，如秘鲁鸟粪石、智利硝石和从煤中提取的氯化铵等。早期尝试从大气中固定氮的效率低下，而且能

源消耗巨大。哈伯－博施合成氨工艺则将能源消耗显著降低，并且大大降低了成本，这使其成为增加活性态氮供应的基础。合成氨工艺显著地促进了工业规模化生产农业所需的氮肥，从而大大地提高了世界上大多数地区的农业生产效率。研究表明，1908—2008 年的 100 年间全球每公顷耕地可养活的人数从 1.9 人增加到了 4.3 人，这一增长主要是哈伯－博施合成氨的贡献。这也表明，目前全球约一半的人口靠合成氨生产的氮肥来养活。

化肥让我们吃饱——养活了全球约一半的人口

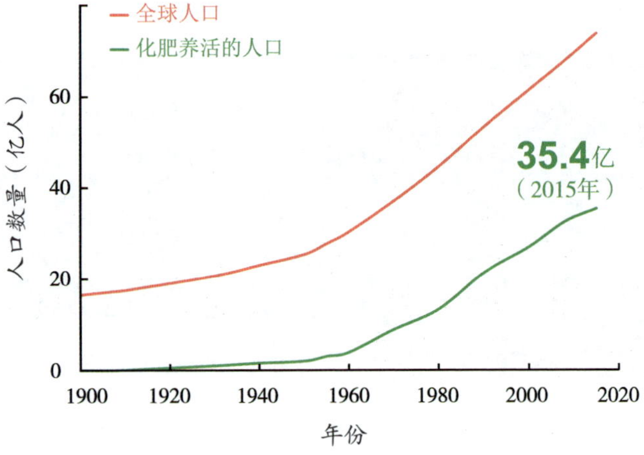

（Erisman et al., 2008; Smil, 2002; Stewart, 2005）

◇ 不用化肥会怎么样？

很多田间试验证明，如果停止施用化肥，也不施用有机肥，3 年内作物产量就会降低一半，甚至更多，全国 14

亿人都要挨饿。以北京郊区的长期定位试验为例，如果停止施用氮肥，对当季夏玉米产量影响不大，但到第二季冬小麦就减产 10%。如果停止施用氮肥 2 年，作物产量减少了 30%，停止 3 年则减产 50%。西部边远地区也有 1 年不用化肥造成作物减产 30% ～ 70% 的教训。所以，如果全面停止施用化肥，就可能有一半的人口没粮吃，14 亿人就会挨饿。

停止施用化肥，粮食将大幅度减产

冬小麦：

停止施用氮肥

第一年减产 10%

第二年减产 30%

第三年减产 50%

产量逐年降低

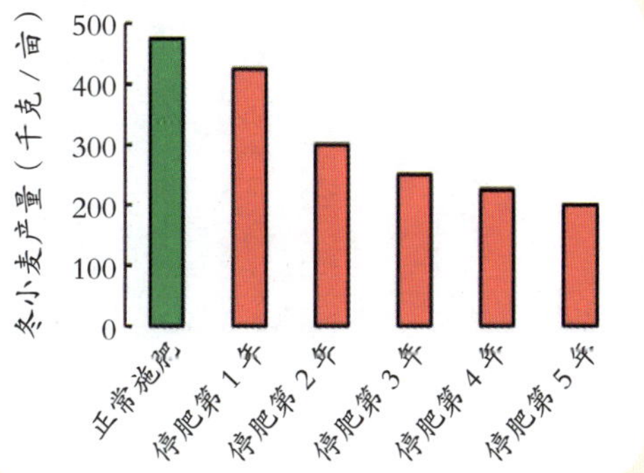

不施肥减产一半，14 亿人都要挨饿

现在不用化肥只用有机肥行不行？过去施用有机肥，作物产量很低，不仅因为有机肥养分含量低、释放慢，还因为有机肥数量有限，无法满足高产作物养分的需要。在现代农业生产中，如果有足够的有机肥，单位面积用量充足，其增产效应与化肥差不多，长期施用效果甚至更好。例如，在等氮量情况下，如果化肥和有机肥投入各占一半，则比单独施用化肥要增产 10%。所以，我们更强调将化肥和有机肥结合施用，充分发挥化肥肥效快和有机肥肥效持久的互补效应。

不用化肥，只施有机肥无法满足高产需求

河北曲周冬小麦

只施有机肥　　只施化肥　　化肥 + 有机肥

3.2 化肥让我们吃好

◇ 丰富的食物来源

有了化肥，就有了丰富的食物来源。1961 年，我国每人每天摄入的食物只有 0.87 千克，到 2011 年已经增加到了 2.37 千克，增加了近 2 倍，而且摄入食物中的肉蛋奶比例大幅度提升。

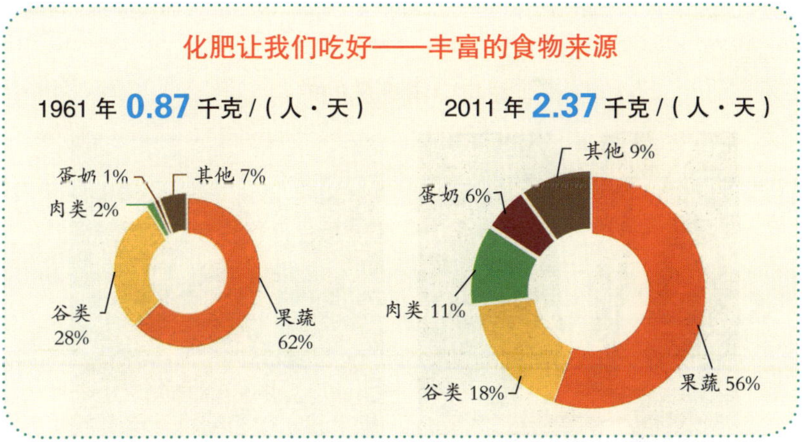

2015 年我国单位面积土地化肥投入量为 30 千克 / 亩，这些化肥投入极大地提高了土地的生产力。土地粮食产量为 400 千克 / 亩，水果和蔬菜的产量为 2600 千克 / 亩；人

均口粮供应量为450千克/人，水果供应量为184千克/人，已经超过欧盟国家；蔬菜超过了500千克/人，居世界第一。同时还能够提供61千克/人的动物产品，与发达国家持平。

与我国不同，目前非洲农业面临着巨大的挑战，农业生产力非常低，其土地化肥施用量不足3千克/亩，平均粮食产量不足150千克/亩，生产出来的水果和蔬菜不足700千克/亩。这样的生产力每亩土地仅能养活不到半个人，每年人均只有100千克的口粮、20千克的水果、100千克的蔬菜和20千克的肉，这远远低于世界卫生组织制定的健康饮食标准，所以非洲饥饿和营养不良人口普遍存在。与

非洲与中国施肥的差别

非洲

中国

此同时，非洲“低投入－低产出”的生产方式是极其不可持续的，据估计，每亩地平均每年土壤养分亏缺高达 3.5 千克氮，导致土地生产力降低，又进一步加剧了饥饿和营养不良人口的增加，形成恶性循环。

◇ 保障果蔬供应

化肥有力地保障了果蔬供应。日前我国蔬菜人均每年占有量达到了 500 千克以上，位居世界第一，蔬菜总产量占全球的一半，2019 年出口近 2000 万吨；水果人均每年占有量达到了 185 千克，超过了欧盟国家（140 千克），水果总产量占全球的 28%。

化肥让我们吃好——保障果蔬供应

中国人均农产品占有量

蔬菜

500 千克 /（人·年），世界第一

总产量占全球的一半，2019 年出口近 **2000** 万吨

水果

185 千克 /（人·年），欧盟 **140** 千克 /（人·年）

总产量占全球的 28%

（国家统计局和 FAO）

◇ 种养循环农业

化肥支撑了农业系统的多样化发展。在我国化肥工业发展之前，种地主要施用有机肥。1959 年，毛主席写了关于养猪的一封信，信中说“大搞饲料生产……包谷是饲料之王”，要实现“一人一猪，一亩一猪”“一头猪就是一个小型有机化肥工厂”。全国上下大力发展养猪业。但是传统农业化肥少，生产的粮食少，粮少了就没有足够的饲料来养猪，猪少了有机肥也就少了，这样就形成了一个依赖于有机肥的小循环农业，难以满足我国人口不断增长的需求。所以国家花大力气生产化肥，肥多了，粮食生产跟上了，饲料也有了，养的猪也多起来了，我们也能吃到更多丰富

（化）肥少—粮少—猪少—（有机）肥少

（化）肥多—粮多—猪多—（有机）肥多

的食物了。同时，猪多了，产生的有机肥还田也多了，把地又养起来了，这样就形成了一个良性的循环，我们的食物越来越丰富，吃得越来越好了，能够养活更多人了。

◇ 保障肉蛋奶供应

化肥对肉类供应的作用有多大？在新中国成立初期，动物饲料很少，主要是泔水、猪草，品质都比较低，所以供应的肉也很少，现在我国已经有了玉米、豆粕等粮食为主的饲料，品质也变好了，养殖业就发达起来了。养殖业的大力发展有力地保障了蛋白质供应，人均蛋白质摄入量从 20 世纪 60 年代的 40 克 / 天提高到了目前的 100 克 / 天，动物蛋白质从 4 克 / 天提高到了 42 克 / 天，已经超过了全球平均水平。目前，我国动物产品供应量达到了每人每年

饲料玉米

61 千克，与发达国家持平。

在 20 世纪 60 年代，我们一个人一辈子能吃 2 头猪，0.05 头牛（20 个人一辈子吃一头牛），20 千克禽肉、730 个鸡蛋和 160 千克奶产品。而现在能吃 33 头猪，增加了 16 倍；4.5 头牛，增加了 89 倍；1115 千克禽肉，增加了 55 倍；14750 个鸡蛋，增加了 19 倍；2500 千克奶产品，增加了 15 倍。由此不难看出化肥给我们带来的好处。

化肥让我们吃好——保障了肉蛋奶供应

动物产品供应量：61 千克 /（人 · 年），与发达国家持平

一个人一生吃的食物：

	猪	牛	禽肉	鸡蛋	奶
60 年代	2 头	0.05 头	20 千克	730 个	160 千克
现　在	33 头	4.5 头	1115 千克	14750 个	2500 千克
	+16 倍	+89 倍	+55 倍	+19 倍	+15 倍

3.3 化肥让土地更肥

◇ 快速提升土壤养分含量

“耕地是粮食的命根子”，耕地质量是粮食安全的基本保障。传统农业中耕地养分含量主要由成土母质决定，人类对土壤的改良是非常困难和缓慢的，经常会出现土壤退化现象，而施用化肥在几年内就可以显著提高土壤肥力。例如，我国南方第四纪红壤开垦成旱地后，土壤有机质含量仅 13 克 / 千克，氮、磷、钾全量分别仅 1.04、0.51 和 14.6 克 / 千克；施用化肥 4 年后土壤有机质含量提高到 14.7 克 / 千克，氮、磷、钾全量分别为 1.25、0.78、16.9 克 / 千克。

化肥让土地更肥——快速提升土壤养分含量

南方第四纪红壤

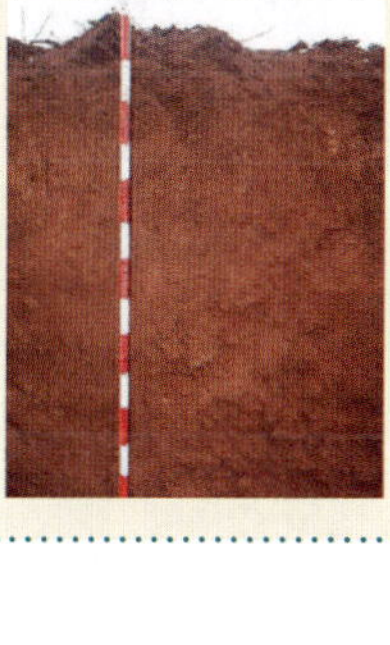

开垦施肥 4 年后

有机质	+13%
全氮	+20%
全磷	+53%
全钾	+16%

◇ 全国土壤养分整体提升

我国土壤经过上千年的农业生产，由于投入少，绝大部分出现了不同程度的养分缺乏。例如，20 世纪 80 年代开展的第二次土壤普查发现，我国土壤有效磷含量相对较低，平均含量仅 7.4 毫克 / 千克（如玉米最适宜的含量应不低于 8 毫克 / 千克）。近 30 年来，通过施用磷肥我国土壤有效磷含量上升到 23 毫克 / 千克。另外，随着化肥施用，作物产量增加，作物根系也增加，为土壤输入的碳增加了，从而提高了土壤有机质（有机质含量是土壤肥力的重要指标），全国土壤有机质增加了 25%，土壤速效钾增加了 67%。

化肥让土地更肥——全国土壤养分整体提升

20 世纪 80 年代到 21 世纪 10 年代	
有机质	+25%
有效磷	+2.1 倍
速效钾	+67%

肥沃的黑土地

◇ 低产田变成中高产田

化肥让很多过去不能种的地现在种起来了。我国中低产田面积 13.91 亿亩，根据调查，典型类型中低产田包括东北瘠薄黑土 2.1 亿亩、三江平原白浆土 0.4 亿亩、华北沙化潮土 1.2 亿亩、沿淮地区砂姜黑土 0.5 亿亩、南方酸化红黄壤 2.6 亿亩、南方丘陵区冷浸田 0.4 亿亩、贫瘠和耕层浅薄水稻土 0.6 亿亩，以及分布在东北、华北、西北及东部沿海地区的盐碱地 1.1 亿亩。

近 20 年间，通过高标准农田建设等工程措施，我国低产田面积减少了 1.41 亿亩（由 2008 年的 5.85 亿亩减少到

2019年的4.44亿亩），这些低产田在工程改良后通过施用化肥，大多转变为中产田，化肥在其中发挥了十分关键的作用。如南方地区的潜育性稻田，因长期淹水等原因，土壤有效磷含量低，水稻产量仅200千克/亩左右，许多地方已经弃耕，这类土壤经过工程措施改良后，每亩施用钙镁磷肥30～50千克，水稻产量可以提高到300千克/亩以上。

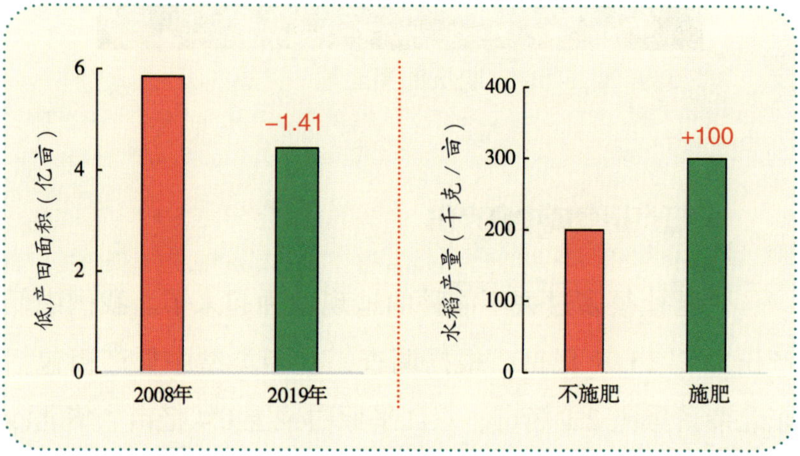

◇ 土壤基础地力大幅度提升

施用化肥几十年以来，我国大部分地区土壤基础生产力有明显提高。20世纪80年代初期，我国主要粮食作物土壤基础生产力仅260千克/亩，而现在达到了330千克/亩。以河北曲周冬小麦生产为例，20世纪70年代不施肥的产量只有 50 千克 / 亩，经过几十年的施肥，目前 3 年不施肥的产量可以达到 200 千克 / 亩，而施用化肥的产量则达到了 500 千克 / 亩。在全国层面上，小麦、玉米和水稻的土壤基础生产力分别增加了 120、46.5 和 63.5 千克 / 亩。

化肥让土地更肥——土壤基础生产力大幅度提升

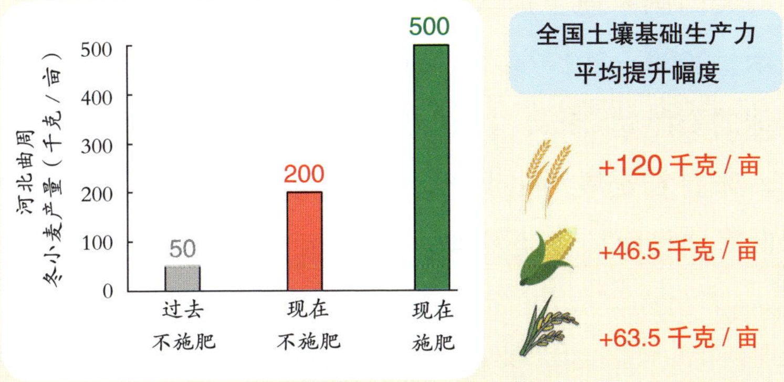

3.4 化肥让地球更绿

◇ 绿叶增长，全球贡献

美国国家航空航天局在 2019 年公布的一份研究报告显示，2000—2017 年中国的绿叶净增长面积全球最高，对全球的贡献达 25%，其中 42% 的贡献来自植树造林工程，32% 来自农业集约化生产，相当于农业集约化生产为全球绿叶净增长面积贡献了 8%，这是相当了不起的贡献。

化肥让地球更绿

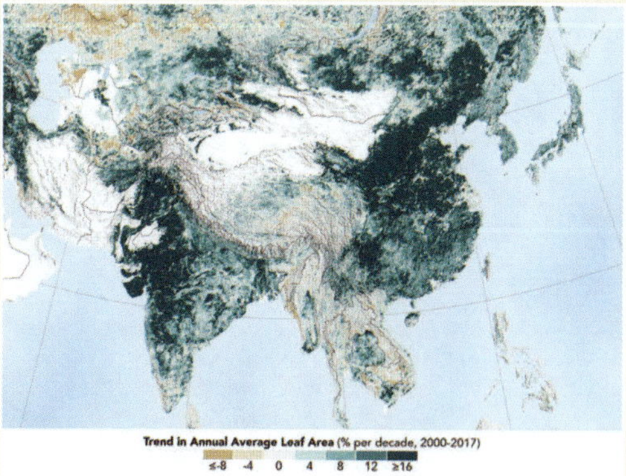

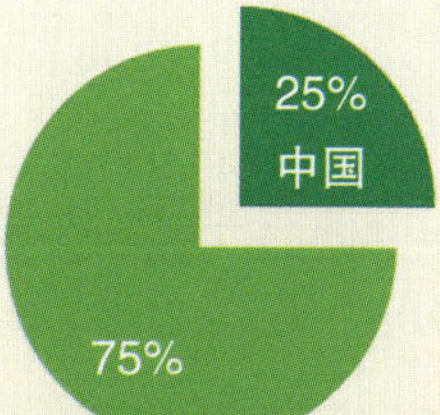

32% 来自农业集约化，占全球的 **8%**

（美国国家航空航天局）

绿油油的农田

◇ 保护生态环境

化肥施用还可以增加农作物生物量，提高地表覆盖度，减少水土流失。化肥在保护生态环境上功不可没。过去黄土高原没有化肥，有机肥也很少，要生产大量的粮食就得靠开垦林地和草地，植被覆盖特别差，放眼一望全是灰茫茫一片。随着化肥的施用，粮食产量提高了，再也不需要毁林毁草种地了，而且开始实施退耕还林还草，保护了当地生态环境。现在去黄土高原，很多地方都是绿油油一片。化肥的施用促进了饲料的生产，降低了动物饲养对自然植被的破坏，使生态环境得到改善。

黄土高原的过去和现在

植树造林、农田增产、饲料替代、减少放牧和毁林

化肥施用促进土壤固碳，减轻工业化带来的温室气体排放。研究发现，合理施用氮肥，每亩土壤中每增加 67 千克氮，可以增加 133 千克碳。中国农田土壤碳库（0 ～ 20 cm）从 20 世纪 80 年代的 1900 千克 / 亩增长到了 21 世纪初的 2200 千克 / 亩，这其中既有耕作的作用，又有秸秆还田和有机肥的作用，同时化肥施用也做出了巨大贡献。此外，通过施用化肥提高作物单产，也为城市建设、交通、工业和商业发展提供了广阔的土地空间。

4 科学认识化肥

化肥在做出巨大贡献的同时也不断受到非议，这是因为大众对化肥了解不够，常常存在诸多误解，使得一些负面影响被过分放大。其实，把化肥比作食品就比较好理解了。饥饿影响健康，不合理饮食、营养过剩同样影响健康，它们带来的高血压、高血脂、高血糖等一系列健康问题已经成为目前全球最大的健康问题。这是食物摄入方式和摄入量的问题，而不是食物本身的问题。和饮食一样，现在施用化肥所产生的一些问题都与不合理施用有关，化肥施用过量、养分搭配不合理、施用方式粗放等产生的负面影响，需要科学分析、正确认识、理性对待。

4.1 化肥有毒吗？

◇ 氮肥

化肥本身是无害的。化肥中养分含量高、杂质低。来自大气的氮肥，本身不含有害物质。例如，商品尿素肥料中含有 98.6% 的尿素（折纯为 46% 的氮，氮是作物所需要的营养元素），对作物是无害的。根据尿素肥料标准（GB/T 2440–2017），商品尿素还含有不到 0.5% 的水和不到 1% 的缩二脲。对作物生长来讲，缩二脲严格控制到 1.5% 以下对作物是无害的，不会影响出苗，最终会在土壤中分解为氮素、二氧化碳和水，被作物和微生物所利用。

来自大气的氮肥，本身不含有毒物质

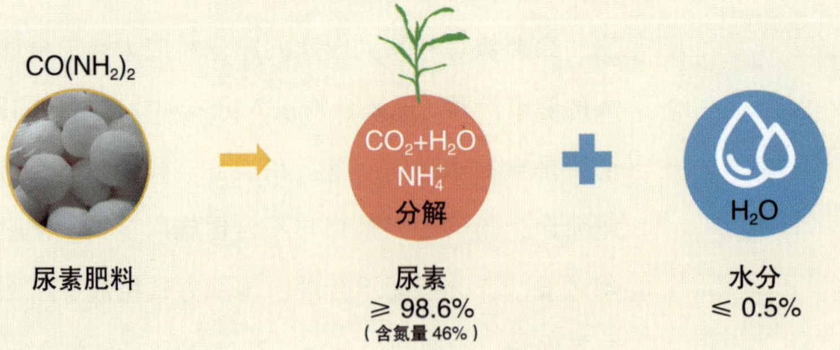

◇ 磷肥、钾肥等

磷肥、钾肥、钙肥、镁肥、硫肥和微量元素肥料大多来自矿物，在加工过程中进行提纯和去杂，使主要养分含量明显提升，其他对作物或土壤有益的元素尽可能保留，并有明确的标准来控制残留的杂质在安全范围内。因此，磷肥、钾肥等也是无毒的。

来自矿物的磷肥，也是无毒的

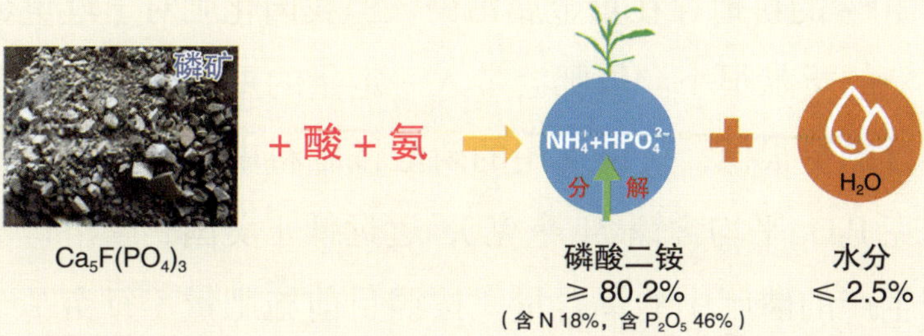

4.2 化肥污染土壤和食物吗？

◇ 污染土壤？

化肥不是土壤重金属的主要来源。土壤重金属污染是大众关心的问题，尤其是镉米等食品安全问题。我国目前有 10% 的耕地存在重金属污染，但我国化肥对土壤重金属污染的贡献很小。磷肥会带入一定量的重金属，但我国磷矿含镉量很低，所以常用的磷酸铵肥料中镉含量很低（每千克 P_2O_5 平均含镉 21 毫克），远远低于美国、摩洛哥等国家生产的磷肥中的镉含量。按照目前施肥量（每亩 7 千克 P_2O_5）计算，每年施用磷肥带入的镉仅为 0.14 克 / 亩，远远低于国家土壤环境质量标准（耕层土壤约为 50 克 / 亩）。需要注意的是，酸性肥料的施用会活化土壤中原有的重金属，尤其在土壤 pH 较低的地区。据研究，在 pH 小于 7 的土壤中，pH 每降低一个单位，土壤镉的溶解度平均增加 4 倍。

要注意有机肥施用带来的重金属污染风险。对我国 220 个商品有机肥分析表明，镉含量为 0.01 ～ 8.7 毫克 / 千克（平均为 0.7 毫克 / 千克），按每亩施用 300 千克有机肥计算，每年带入土壤的镉为 0.21 克 / 亩，远低于国家土壤环境质量标准（耕层土壤约为 50 克 / 亩）。有机肥来源不同，重金属种类也不同，很多有机肥原料（畜禽粪便、污泥）中的重金属含量远高于化肥：猪粪的铜、锌、砷、镉含量较高，鸡粪和牛粪中铬含量较高；污泥中汞含量较高。

化肥不是土壤重金属污染的主要来源

化肥带入土壤的镉量微乎其微，远低于国家环境质量标准

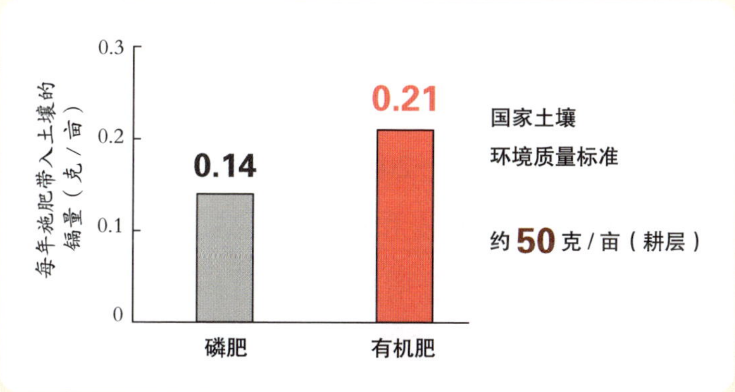

因此，长期施用有机肥较化肥可能具有潜在的、相对高的土壤重金属积累及食品安全风险。我们应该从源头把控有机肥原料的质量，加强养殖业管理，避免和减少重金属、有毒有害物质进入原料，加强有机肥原料的筛选。另

外，应该像加工化肥一样科学加工有机肥，进一步提高其安全性。当然，对于化肥质量把控也不能放松，如果长期高量施用劣质磷肥，也有可能导致土壤重金属富集，增加重金属污染风险。

◇ 污染食物?

中国农业科学院德州实验站 1986 年开始的长期肥料定位试验结果表明，等氮量投入下，连续施用 26 年化肥的土壤中重金属含量与对照相比并未显著增加，但长期施用有机肥的 0 ～ 20 cm 耕层土壤中全汞和全镉含量提高了，与施用化肥相比，提高幅度分别为 60% 和 18%，但两者的含量均远低于《土壤环境质量　农用地土壤污染风险管控标准（试行）》（GB 15618—2018）。与不施肥对照相比，连续施用 26 年化肥的冬小麦和夏玉米籽粒中砷含量并未显著增加，但施用有机肥显著增加了两者的砷含量，比化肥处理增加了 42% 和 65%。有机肥处理中冬小麦和夏玉米籽粒中砷含量分别为 0.089 毫克 / 千克和 0.064 毫克 / 千克，但其含量远未达到国家标准限量［《食品安全国家标准　食品中污染物限量》（GB 2762—2017，As ≤ 0.5 毫克 / 千克）］。

化肥施用不会造成食物重金属超标

中国农科院德州实验站：

连续施肥 **26** 年

- 化肥不会增加土壤重金属含量
- 籽粒含量远低于国家标准限量

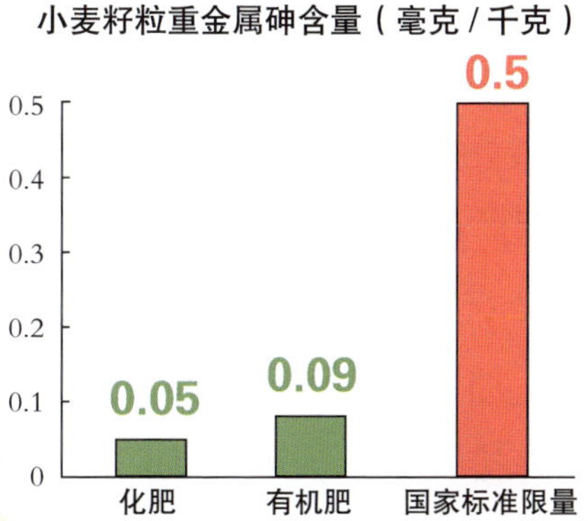

4.3 化肥降低了农产品品质吗？

农产品好不好吃是人们的直观感觉，用科学术语来表达就是农产品品质，具体包括外观、营养及内含物成分、风味、加工、储藏等多个方面，这些品质特性均与化肥施用有直接关系。人们认为施用化肥降低了农产品品质，事实上施用化肥极大地改善了农产品品质，具体表现为以下几个方面。

◇ 化肥改善外观品质：大小均匀、色泽好

农产品的大小和色泽等外观品质与多种因素有关，在没有化肥的传统生产模式下，“歪瓜裂枣”是普遍现象，而化肥的施用显著提高了水果、蔬菜的外观品质。研究发现，当苹果果实钙含量小于 45 毫克 / 千克时，易感染苦痘病和乔纳森斑病。营养液钙浓度低于 5 毫摩尔 / 升时，番茄脐腐病的发病率也会迅速增加。因为钙是细胞壁的组成成分，缺钙导致细胞壁不能正常形成，使得对真菌及病虫害的屏蔽作用下降；缺硼导致花而不实，块根根裂，因为硼也是细胞壁的组成成分，缺乏时细胞壁骨架结构不完整，连接

不紧密，细胞间易分离，表现出根裂等症状。缺硼也会使苹果果实内部木栓化，果肉凹陷，引起“缩果病”。类似地，缺镁会引起苹果果实着色差，糖度下降；缺锌会使葡萄果实大小和着色不均匀等，严重影响农产品品质。

过去不施用化肥问题普遍发生，现在这些现象已经越来越少，但也存在。例如，河南省灵宝市寺河山镇一个果园不施肥情况下，一亩地只能产不足 250 千克苹果，85% 的果实直径不到 70 毫米，按现在的标准达不到二级果，相当于是等外果，口感硬，每亩地生产的苹果只能收入几百元。而同样的红富士苹果，在施用化肥且管理良好的山东蓬莱可以达到每亩 4250 千克以上，85% 为一级果（果实直径 ≥ 85 毫米，全红），商品化率可达 95%，每亩收入过万元。

化肥改善外观品质：大小均匀、色泽好

- 亩产量：不到 250 千克
- 85% 为等外果（≤ 70 毫米）
- 口感硬，收入几百元

- 亩产量：4250 千克
- 85% 为一级果（≥ 85 毫米，全红）
- 口感脆，收入上万元

科学施肥，改善果实外观和内在品质

不施镁　48　96　144　192

镁肥用量（克 MgO/ 株）

◇ 化肥提高营养品质：元素充足、营养高

农产品中营养元素含量与施肥直接相关，施用化肥极大地提高了农产品营养含量。化肥施用也提升了农产品中微量元素的含量，尤其是在我国地带性营养元素缺乏的地区。例如，西北石灰性土壤锌有效性很低，植物缺少锌营养进而导致饮食中锌缺乏的问题曾经很普遍，这是居民营养不良的关键问题。施用氮肥后可以将小麦籽粒锌含量从 20 ～ 25 毫克 / 千克提高到 30 ～ 40 毫克 / 千克，接近国际食品锌营养标准。同样在水稻上，通过施用锌肥，籽粒锌含量可增加 20%，增产 10% 左右，可实现水稻籽粒锌生物强化和籽粒产量同步提升。此外，氮肥的施用大幅度提高了粮食作物蛋白质含量，如新中国成立以来我国小麦蛋白

质含量从 9% 提高到了 13%；另外，作物中蛋白质提高又为动物提供了高蛋白饲料，保障了动物生产。

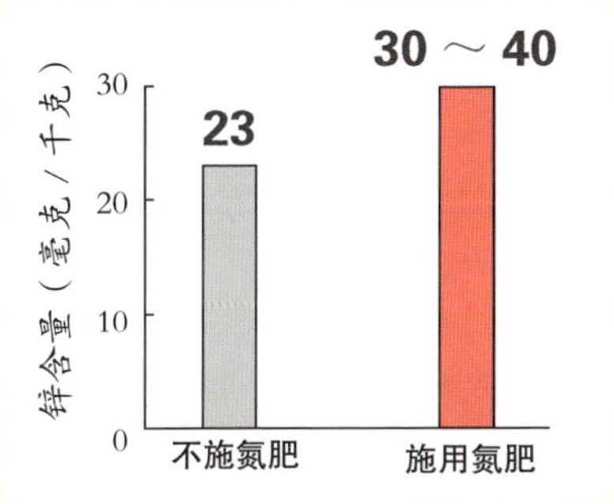

增施氮肥：
氮锌具有协同作用，促进锌向籽粒转移

锌含量接近国际食品营养标准

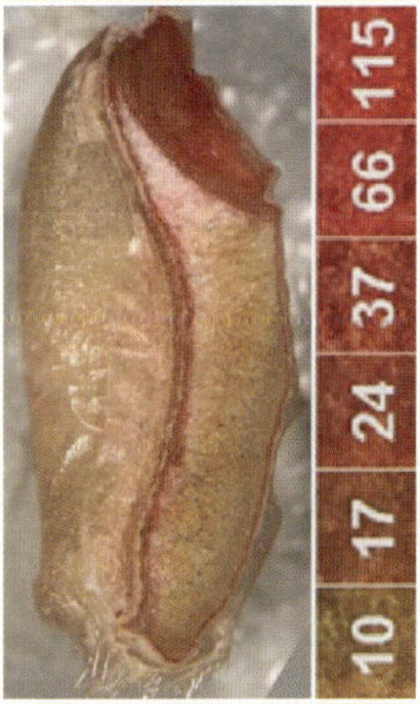

(Ozturk et al., 2006)

微量元素锌改善水稻内在品质

施用锌肥可实现水稻籽粒锌生物强化和籽粒产量同步提升

不施锌肥　施用锌肥　不施锌肥　施用锌肥

施用氮肥显著提高了小麦籽粒蛋白质含量

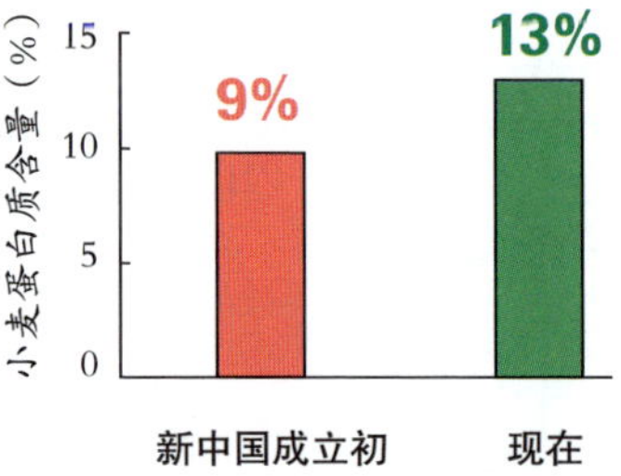

氮素是合成氨基酸、蛋白质等物质的原料；适量施用氮肥，能促进蛋白质合成

◇ 化肥改善风味品质：香甜可口、味道好

农产品风味包括香味物质和呈味物质两个方面，香味物质一般与芳香物质成分的种类和含量直接相关，具体又包括具有挥发性的酯类、醇类、醛类、酮类等；而呈味物质则指的是糖度、酸度和维生素 C 等决定口味的物质。施用肥料可以显著提高挥发性芳香物质特别是酯类物质的含量，且增加糖分含量和维生素 C 含量，降低导致口味酸涩的酸度。例如，对不同施肥处理下的甜瓜风味研究表明，相较于不施肥处理，合理施用氮、磷、钾肥的甜瓜酯类含量由 20% 显著提升至 56%，总糖含量提高 54%，维生素 C 含量提高 69%，总酸含量降低 27%，合理施肥使得甜瓜更加清香适口，回味悠长。

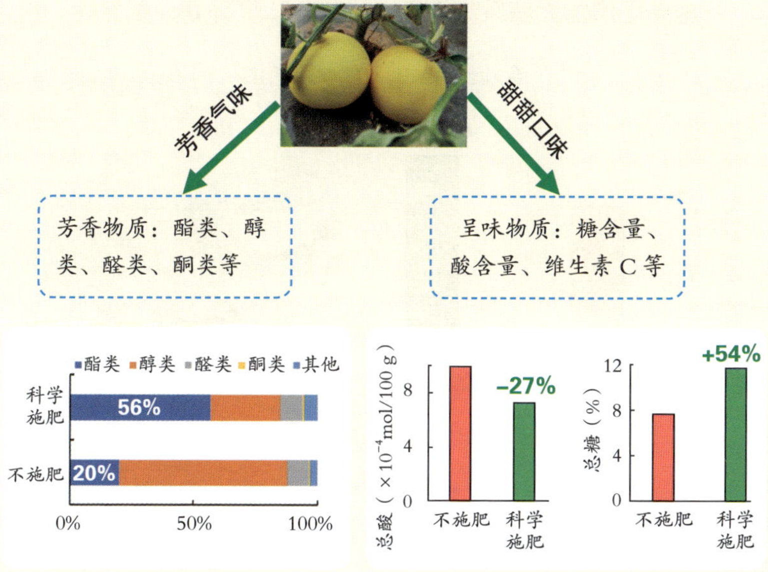

（胡国智等，2020）

硫与作物风味物质有着密切的关系，如施用硫肥能够显著提高大蒜素的含量，使得大蒜味道更加浓厚。腊八蒜其实就是因为大蒜素是含有硫的化合物，这些含硫化合物主导了颜色的变化。在低温和醋的作用下，大蒜形成了蓝色的蒜蓝素，而蒜蓝素不稳定，会逐渐形成黄色的蒜黄素，当蓝黄共存时，就是我们看到的绿色，时间久了腊八蒜就全部变为黄色了。

施硫肥增加大蒜风味物质，让腊八蒜更好看、更好吃

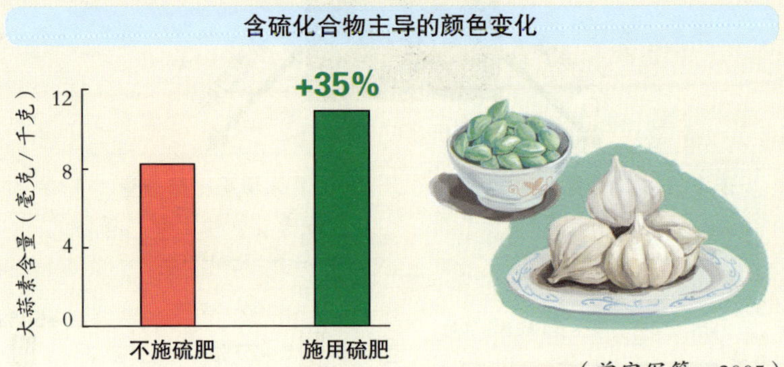

（曾宪军等，2005）

◇ 化肥改善加工品质：满足需求、效益高

果蔬加工品质包括：成熟性、凝胶性、柔嫩性、汁液性等。粮食加工品质包括：淀粉糊化与老化、面筋及蛋白质的热变性、褐变等。施肥能够显著影响果蔬的加工品质，如合理施肥提高番茄的汁液性。施肥也能显著提高粮食的淀粉和面筋等加工性状。例如，小麦制成的面包体积与土壤硫素含量以及硫肥用量密切相关。施硫能提高小麦尤其是强筋小麦制成面粉的延伸性和弹性，施硫表现出增大面包体积的作用，且烘焙品质对硫肥的响应远大于产量对硫肥的响应。中国农业科学院德州实验站 28 年定位试验研究了施用化肥、有机肥等对冬小麦品质（蛋白质）和加工品质（面包烤制）的影响，发现有机肥供氮能力弱，等氮量

投入下，小麦和玉米蛋白质含量不及化肥处理，其中小麦蛋白质含量降低了 17%。有机肥种出来的小麦制成的面包烘烤品质也不及化肥，改变了人们认为有机肥可以普遍改善作物品质的传统观点。

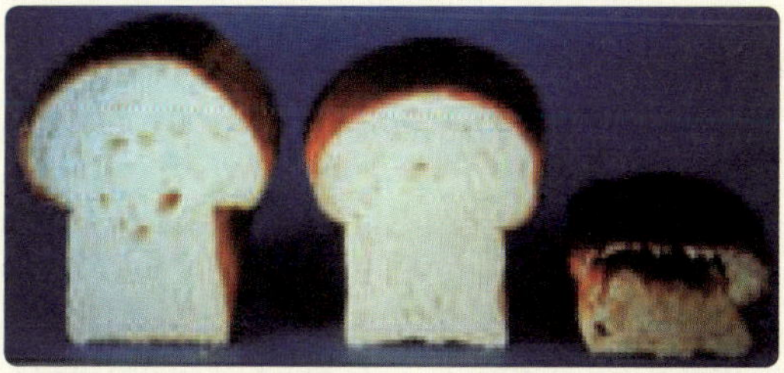

施两次硫肥　　施一次硫肥　　不施硫肥

施硫能提高小麦尤其是强筋小麦制成面粉的延伸性和弹性，增大面包体积

（Byers et al., 1987）

等氮量条件下，化肥对小麦蛋白质和面包烘烤质量的影响好于有机肥

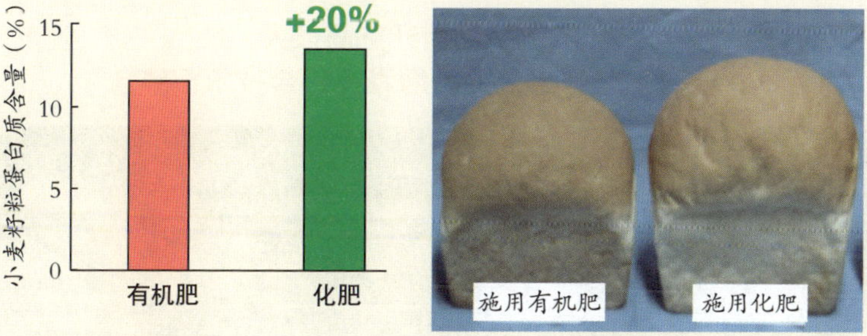

我国作物品质提升空间很大，需要将科学施肥与育种、灌溉等综合技术相结合。目前，我国农产品品质整体处于

爬坡期，但老百姓常说“用了化肥瓜不香了、果不甜了”，把问题都归咎于化肥并不完全准确。总体而言，化肥施用改善了很多品质问题。

目前，部分果农盲目追求大果和超高产，大量投入氮、磷、钾肥料，忽视其他元素如钙、镁、硼等的配合，导致果实很大、水分很多，出现裂果和感染病害。化肥大量投入，尤其是氮肥投入过量也会导致果实可溶性固形物含量降低、糖度跟不上、酸度上升，降低了风味，这是因为过量投入氮肥导致果树营养生长过旺，并与果实竞争光合产物，减少了糖向果实的分配。同时，由于叶片和果实的氮素含量过多，促进了氮代谢及含氮物质的形成，不利于果实糖分的积累，导致可溶性固形物含量和糖度降低。因此，需依循“大量元素为主，钙、镁、硫和微量元素为辅，平

农产品品质提升空间很大，
需要科学施肥与育种、灌溉等综合技术相结合

衡施肥，有机肥部分替代化肥”的原则，并与优良品种、节水灌溉等绿色增产增效技术结合，实现优质、高产、高效生产。

◇ 化肥改善储藏品质：延长储藏、品质好

农产品储藏品质与储藏条件和采收时的品质密切相关。一般而言，科学施用化肥能够显著提升采收品质，进而为更好的储藏品质奠定基础。一般而言，适量供应氮素改善了作物生长并增强其抗病性，过量供应氮素则易导致作物合成大量的游离氨基酸，并且含有大量的水分，易引起储藏期间的腐烂和失水损失；磷和钾在维持细胞膜稳定性上有着重要的作用，缺乏会导致农产品易丧失水分，营养物质流失，进而降低储藏品质。由于钙对增强细胞壁和细胞膜稳定性、减轻储藏病害、降低呼吸并减少乙烯产生有很好的作用，因此科学施肥能够有效改善储藏外观和内在品质，有效延长储藏期。例如，樱桃采收前喷施氯化钙溶液，在储藏半个月后果实腐烂率从 27% 降低到 4% 以下。

总之，化肥在改善农作物的品质性状中发挥着重要的作用。“肥是庄稼宝，施足又施巧”，通过调整肥料养分投入比例，改善化肥养分结构和施用方法，进行有机养分与化肥配合施用，科学合理地施用化肥，才能保障农作物健康成长，使得米饭有营养、瓜果更香甜。

4.4 化肥造成环境污染了吗？

◇ 化肥利用率

化肥利用率是指作物所吸收的化肥养分占化肥总投入养分的百分率。一般而言，化肥利用率越高，其经济效益也就越大，环境污染也就越少。但化肥利用率不是固定不变的，它与化肥的种类和性质、土壤类型、气候条件、作物种类及田间管理等因素密切相关。

化肥利用率能达到 100% 吗？理论上说是不可能的，因为要让作物吸收所有的化肥养分，不让化肥中的一点养分跑到环境中是不可能的。由于作物吸收养分的主要器官——根系，生长在土壤中，作物群体又非常大，很难保证将每一粒化肥都能喂到每一棵作物的根系周围，也就很难让根系把所有的化肥养分吸收了。加上土壤对肥料养分的吸附固定等物理、化学和生物学反应，化肥养分的有效性也达不到 100%，利用率就无法达到 100%。近年来，我国三大粮食作物氮肥利用率从 2013 年的 33% 提高到了 2020 年的 40%，这是很大的进步。

自我国施用化肥以来，因为农户收入水平低，没有机械，也没有滴灌设备，肥料大部分撒施在地表，再加上科技知识不足，用量把握不准，所以利用率很低，最低时仅达到 27%，目前提高到了 40%（磷的利用率仍然只有 20% 左右），这是不小的成就，但是仍然较低。那么，未能被作物利用的养分是不是完全损失到了水体和大气中呢？其实很大一部分是存在于土壤中的，下一季作物还可以利用。氮肥施用后能存留在土壤中的比例大概有 20%（对磷肥来说，存于土壤中的比例会高达 80%），剩下的才是真正损失到环境中的（氮损失大约 20%，磷损失大约 1%）。

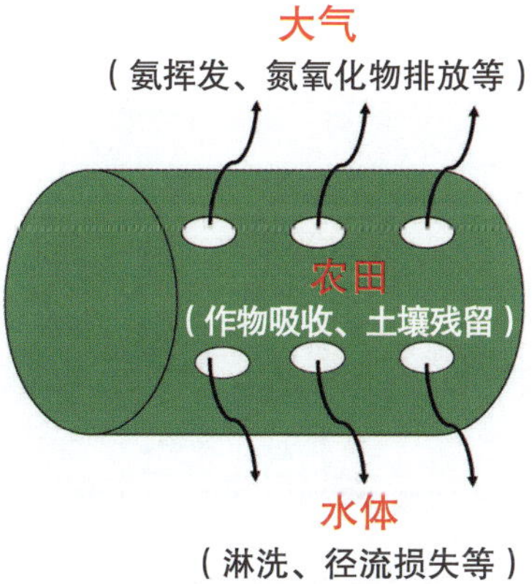

一般来说，如果将 50 千克氮肥施到土壤里面，当季作物能够吸收 20 千克，这就是经常说的肥料利用率 40%。那剩下 60% 去哪儿了？有 40% 残留在土壤里面，因为土壤也可

以保存营养，这部分没有损失，也没有跑到环境里面去，它就在土壤里面，会被后茬作物吸收再利用，所以它不是环境污染的部分。真正损失到环境里面的只有 20%，即只有 10 千克，其中 5 千克随着水被径流或者被淋洗，最后进入水体，另外 5 千克以气体的方式跑到大气里。

如果不是施用了 50 千克氮肥，而是施用了 100 千克氮肥，过量施肥，情况就不一样了。当季作物氮素吸收量还是 20 千克，土壤残留量可能是 30 千克，损失到大气和水体的均为 25 千克，这损失的 50 千克养分是真正跑到了环境里，就会造成环境污染。所以化肥本身不是造成环境污染的罪魁祸首，是因为过量施肥，化肥用得不合理，最后浪费损失到环境里面，造成了环境污染。

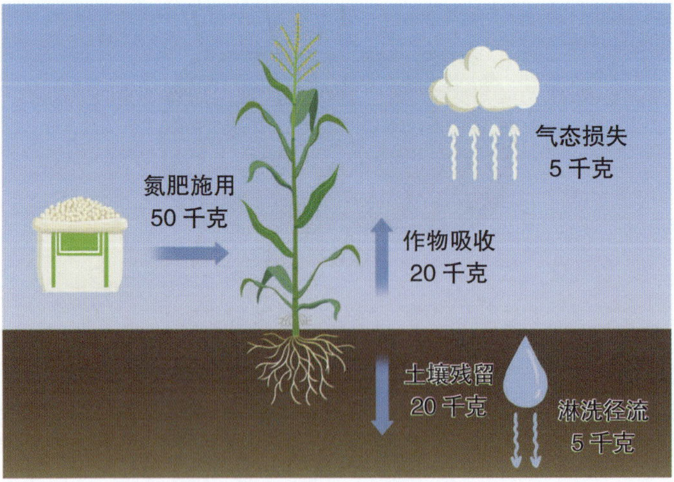

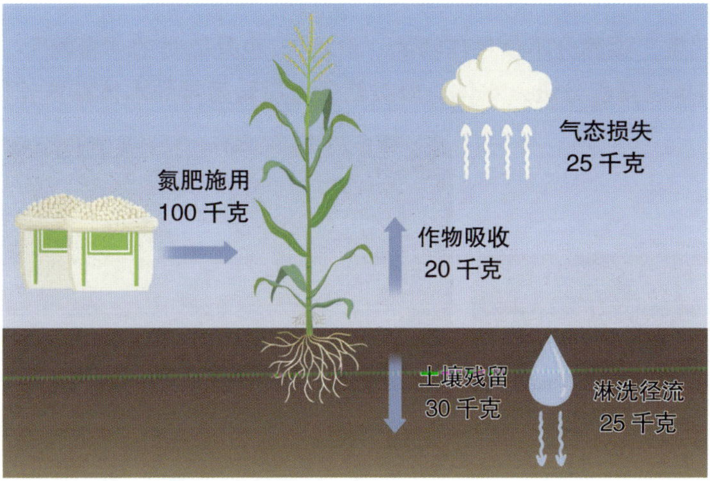

◇ 施肥与水体环境

化肥是一种营养物质，它不仅为作物提供营养，也为土壤和水体中的生物提供营养，如果过量施用的肥料养分作物吸收不了，就会进入水体被其中的藻类所利用，造成藻类大量繁殖，水体含氧量降低，水体浑浊，从而引起水体富营养化，也就是常见的水体绿藻、蓝藻暴发现象。当然过量的养分也会进入地下水，会降低饮用水质量。

目前，我国水体污染问题比较突出，水体污染物有三大来源：农业面源排放、工业企业及农村和城镇居民污水排放，以及与化石能源排放有关的大气干湿沉降。《第二次全国污染源普查公报》显示，2017 年全国废水中氨氮排放总量为 96.34 万吨，其中生活源排放 69.91 万吨，农业源排

**氮、磷养分不仅是作物的“食物”，也是藻类的“食物”，
如果过量养分进入水体，藻类就会大量繁殖导致水体富营养化**

太湖

水体富营养化

放 21.62 万吨，工业源 4.45 万吨，集中式排放源为 0.36 万吨。可见农业源低于生活源排放。农业面源污染又包括化肥流失、畜禽养殖业和水产养殖引起的氮、磷养分流失。据研究，化肥对农业源氮、磷排放的贡献分别为 51% 和 36% 左右。综上所述，化肥对水体污染的贡献仅 24%，并不是最大的污染源。

如何避免或者减少化肥对水体污染，应该注意以下几点：①在农田控制好化肥用量，避免给作物过量施肥。②加强施肥的精准性，如通过机械深施到作物根系周围，提高化肥利用率。③灌溉水的配合，不能大水大肥，防止养分随水流失。④在山地、丘陵地区，注意种植坡向控制、生草等措施，防止养分径流损失。⑤在水网发达地区，更

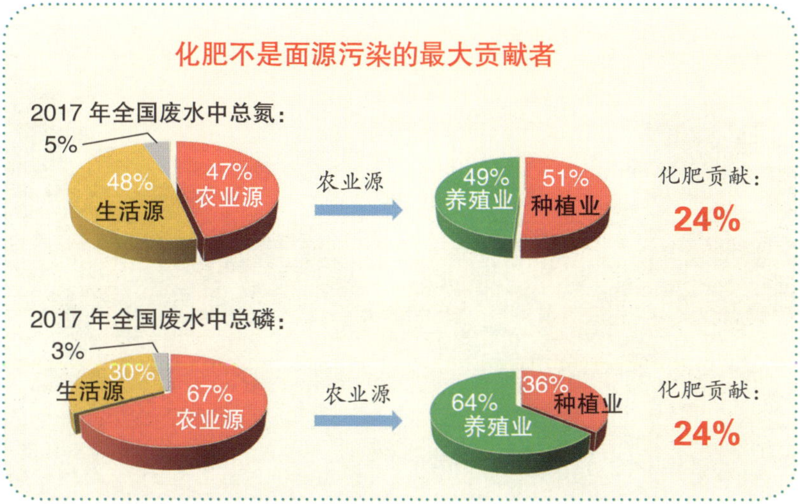

要注意多重措施的施用，如水域沿岸不能施肥或者禁止多施肥，近水域沿岸农田要增加生物篱，吸收从农田汇入的养分，部分发达国家和地区已经建立了连片的生态湿地以净化农业源流出的富含养分的水，我国有待于尽快实施。

生态拦截沟渠

果园生草

◇ 施肥与大气环境

氮素养分也会以 N_2O 的形式进入大气，这是一种比二氧化碳增温效率高得多（约 300 倍）的温室气体，也是大气平流层臭氧的破坏者。N_2O 是化肥在土壤微生物作用下转化的中间产物，不施用化肥土壤本身也会产生，施用有机肥也会产生，但施用化肥后会进一步增加 N_2O 排放量。

化肥养分离开农田的另一个形式就是挥发，主要是氮肥中挥发损失的 NH_3，这种碱性物质进入大气后会与大气中的二氧化硫和氮氧化物氧化产生的酸性物质结合，形成硫酸铵和硝酸铵等细颗粒，成为雾霾的贡献者。如果再随着降雨或者降尘等干沉降落地，则会为地表的生物再一次提供营养，但落在水体就有可能造成水体富营养化，落在森林和草原也会有一些问题，少量的氮沉降可以促进林地和草地生长，但沉降量大了会引起生物多样性下降，因为有些森林和草原物种不喜欢太多的营养，多了会抑制其生长。大量沉降也会导致土壤酸化等问题。

大气污染尤其是雾霾已经对我们的生活产生了极大影响。一般而言，农业生产中施用的氮肥，如尿素、碳铵和磷酸二铵等铵态氮肥等，进入土壤后若没有被作物吸收利用，部分氮素会以氨气和氮氧化物等活性氮形式挥发到大气中，引起大气污染。全球当前化肥氨排放总量大约为1200 万吨，其中我国排放最高，占总量的 34% 左右。另外，我国每年农田化肥施用也排放 40 多万吨的 N_2O。研究表明，目前氮肥对我国氨和氮氧化物总排放的贡献约 30% 和 5%，其余主要是畜牧业粪污和化石能源燃烧做出的贡献。最近的研究表明，生物质燃烧（秸秆焚烧）等排放的氨和氮氧化物贡献也不容忽视。粗略估计，我国农业源氨排放对雾霾的贡献约 10%，其中化肥施用排放的氨对雾霾的贡献为 3% ～ 4%。由此可见，化肥不是雾霾的主要贡献者。

如何防治或者减少化肥对大气质量的影响？如果采取深施覆土、分次施用、选用合理产品等综合措施，氮肥的

氨挥发进入大气后会与大气中的二氧化硫和氮氧化物氧化产生的硫酸和硝酸等酸性物质结合，形成硫酸铵和硝酸铵等二次颗粒物。

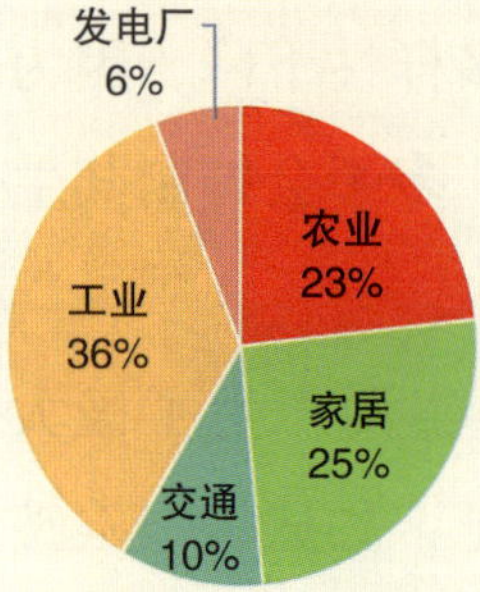

主要源对大气 $PM_{2.5}$ 的相对贡献

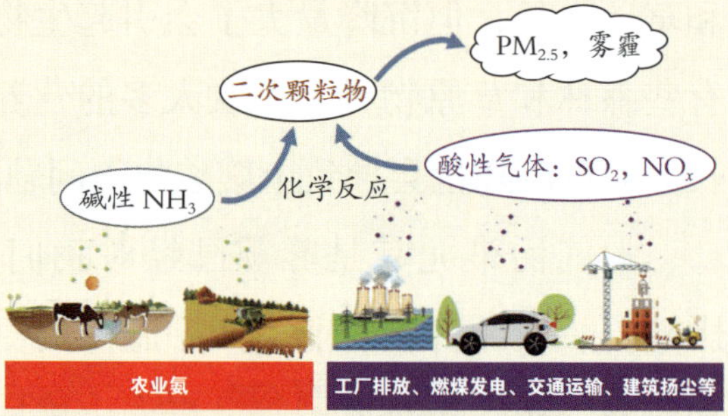

农业氨对大气 $PM_{2.5}$ 影响示意图

氨和 N_2O 挥发损失是很小的。但我国恰好采用了撒施、一次性施用、盲目选择产品等方式，就会加大活性氮的排放。因此，减少化肥带来的氨排放应采取以下综合措施：①在化肥产品方面，应该发展多种形态氮肥，包括硝酸铵、硝酸铵钙，不应该单独施用尿素。也可以在尿素中添加硫酸铵降低氨挥发，或者添加脲酶抑制剂降低氨挥发。②在施用方式中，大力发展深施技术，目前已经部分实现了深施，例如，我国粮食作物基肥深施已经达到 69%，但还要发展适合于追肥的机械化方式和配套的种植模式。③在经济作物上，有条件的地区已经发展了膜下滴灌等先进技术，但覆盖面积仍很小，主要是大农场在用，小农户使用较少，不仅是经济成本问题，也与操作技术难以掌握有关，需要加强技术培训工作。

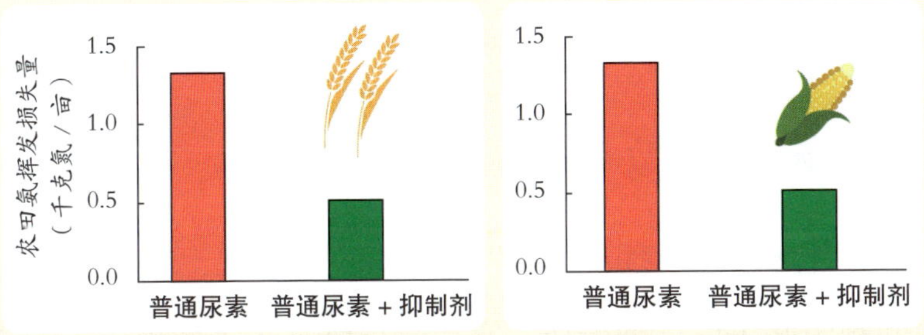

河北曲周冬小麦与夏玉米，使用脲酶抑制剂减少氨挥发 50% ～ 60%

综上所述，化肥本身并不包含“有害的污染物”，而只是单纯的营养物质。只是因为这些营养物质很活跃，容易从农田“逃跑”而进入自然环境中去，为不需要太多营养的生物体和自然环境提供养分，这就会产生负面效果。这就像把盐倒入果汁中是一样的道理，盐没错，只是放错了地方。

4.5 化肥使土壤板结吗？

◇ 硫酸铵的故事

化肥不是土壤板结的罪魁祸首。近年来，我国土壤健康问题引起了广泛的关注，农户直观感觉是土壤板结了、污染了，简单归结为化肥的作用。其实以前单独施用硫酸铵时会有板结的可能，因为硫酸根离子会与土壤中的钙结合，形成不溶性的硫酸钙等。但随着硫酸铵退出直接农用，土壤板结不再是化肥作用造成的。

化肥导致土壤板结是过去的事情

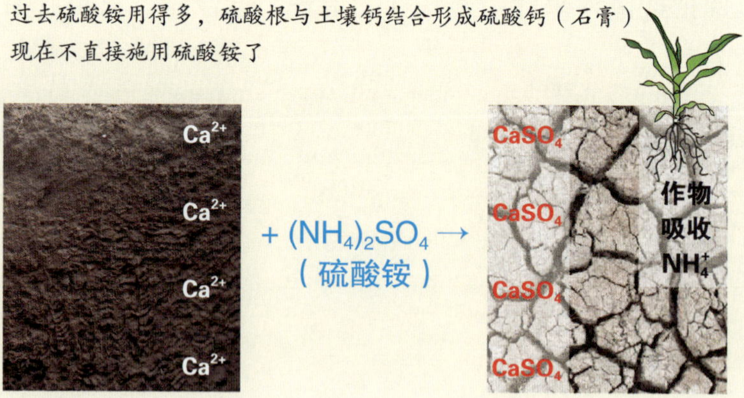

◇ 合理施用化肥

土壤板结是土壤结构受到破坏，土壤的物理和化学性状均发生了较大的变化，失水之后使土壤变硬。最新研究发现，土壤板结主要是大水漫灌、淹灌、不合理的耕作等造成的，一般的耕作层较浅，常年浅耕及农业大机具压实土壤，不但土壤表层被破坏了，而且在土壤耕作层下形成了一层厚厚的犁底层，导致土壤通气透水性能变差，根系难以下扎。实践研究证明，合理施用化肥能够改善根系生长发育，有利于根系下扎，如果能与有机肥配施能够有效改善土壤结构，这也是最有效的改善土壤板结的措施。

现在土壤板结是因为灌溉不合理和大机具压实，合理施肥是改良土壤结构的主要途径

灌溉不合理
加重板结

合理施肥
减轻板结

大机具压实
加重板结

施有机肥
减轻板结

4.6 化肥使土壤酸化吗？

化肥与土壤酸化的关系很多农资经销商并不清楚，甚至一些技术人员和农户也不清楚。自 20 世纪 80 年代以来，全国土壤 pH 平均降低了 0.5 个单位，其中氮肥不合理施用的贡献达到了 70%。酸性土壤地区耕地进一步酸化已经产生一系列负面效应，包括作物铝锰毒害、增加重金属污染风险、改变土壤微生物种群及活性、影响作物根系发育和养分吸收、滋生植物病虫害等等，严重情况下会导致作物绝收。

不同 pH 条件下不同生育期的小麦生长情况

（周海燕等，2013）

土壤酸化通常用土壤 pH 下降来表示，即土壤溶液中氢离子（H^+）浓度升高。土壤中大部分元素循环与转化过程都与 H^+ 产生和消耗有关，在农田生态系统中氮是影响 H^+ 产生最重要的元素之一。铵态氮肥是致酸能力最强的氮肥，这是因为铵态氮（NH_4^+）施入土壤后会发生硝化作用，即一个单位的 NH_4^+ 转化为 NO_3^-（即硝酸盐）会产生两个单位的 H^+；即使不发生硝化作用，作物吸收 NH_4^+ 也会释放 H^+，进而导致土壤 pH 降低。与铵态氮肥相比，尿素的酸化潜力相对较低，因为尿素施入土壤后首先水解形成 NH_4^+，会消耗 H^+，中和部分 NH_4^+ 硝化反应的酸化效应。在理想状态下，若尿素水解产生的 NH_4^+ 或 NO_3^- 全部被植物吸收，即形成氮的闭合循环，理论上施用尿素不产生酸化。但实际生产中由于氮肥用量、施用时间与作物需求不匹配，一般无法形成这样的闭环，因此施用尿素一般也表现出明显的致酸效应。硝态氮肥一般不具备酸化的能力，因为植物吸收 NO_3^- 会消耗同等单位 H^+，因此，施用硝态氮的根际一般表现为 pH 升高。美国伊利诺伊州的土壤定位试验表明，与不施肥处理相比，连续 9 年施用硫酸铵和硝酸铵导致土壤 pH 下降了 1.5 个和 1.0 个单位，施用尿素处理土壤 pH 下降了 0.4 个单位，而施用硝酸钙使得土壤 pH 上升。

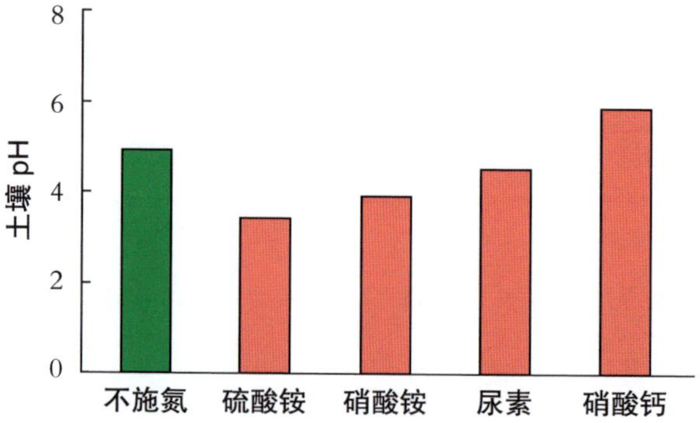

连续 9 年施用不同形态氮肥对土壤 pH 的影响（美国伊利诺伊州，1971—1979 年），种植作物为玉米，氮肥施用量 20 千克氮/亩，不同处理的初始土壤 pH 相同（Khonje et al., 1989）

过量施用氮肥会进一步加速土壤酸化。我国氮肥以尿素为主，氮肥用量越高，硝化作用越强，产生的 H^+ 越多，酸化效应越明显。另外，氮肥过量施用，氮肥利用率低，硝态氮损失量高。为保持电荷平衡，硝态氮淋洗会从土壤中带走更多的缓冲物质，导致土壤酸缓冲能力下降。

因此，在我国农业生产中，需根据土壤及作物特性合理选择肥料类型，优先选用绿色高效肥料，根据作物需求合理施肥，提高氮肥利用效率，降低化肥的酸化效应。在已经发生强烈酸化的土壤中，需及时施用石灰等碱性物料，中和土壤酸度，恢复耕地产能，同时结合有机肥部分替代化肥等技术，开展土壤酸化综合防控。

4.7 化肥越多越增产吗？

◇ 过去施肥少增产多

过去土地瘠薄，又缺化肥，因此，民间流行“水大粪勤不用问人”“庄稼一枝花，全靠肥当家”。但是随着肥料用量的增加，肥料的增产效应开始逐渐下降，在20世纪60年代，一亩地只施用1.5千克氮肥，增产效果非常明显，每千克氮肥能够增产20千克粮食。等到了20世纪80年代，一亩地施用11.5千克氮肥，每千克氮肥的增产效果下降到10千克粮食。在合理施肥量范围内，肥料的总增产量是随着施肥量增加而增加的。

过去土地瘠薄，又缺化肥
因此，民间流行
“水大粪勤不用问人”“庄稼一枝花，全靠肥当家”

但随着肥料用量的增加，肥料的增产效应逐渐下降：

- 60年代，施用1千克氮肥增产 **20** 千克粮食（每亩1.5千克氮肥）
- 80年代，施用1千克氮肥增产 **10** 千克粮食（每亩11.5千克氮肥）

◇ 现在过量施肥不增产

给作物施肥就像是人吃饭七分饱一样，施肥过量会造成作物奢侈吸收，比如说氮过量易造成硝酸盐积累，不但不会增产，反而易造成抗病性能下降。化肥用量并不是越大越增产，这从报酬递减律就可以看出来，在施肥不足时，施肥具有增产效果，而达到最高产量后，增加施肥并不能增产，这时施肥并不是其增产关键限制因子。因此，在一定的生产条件下，作物都具有一定的产量潜力，施肥量满足其正常生长即可，并不是越多越好。施肥过量，养分损失会成倍增加，大大降低了肥料利用率。

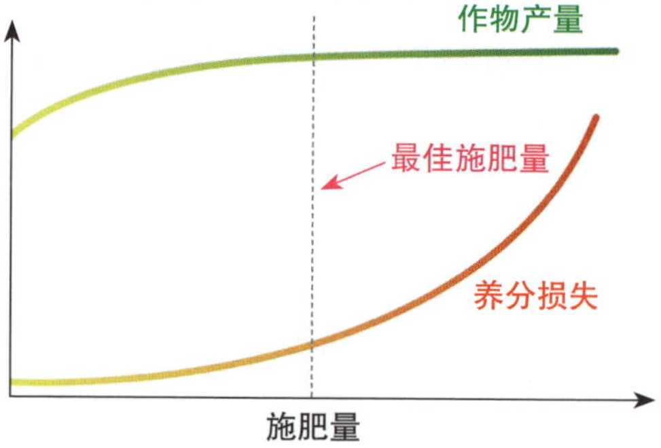

4.8 减少化肥会减产吗？

◇ 科学减肥

现在土壤肥力高，环境来源的养分多，占作物吸收的1/4，加上土壤能够供应1/3，所以施肥量可以减少20%～30%。在集约化地区，科学减肥不仅不减产，还能够实现增产的效果。在山东冬小麦上，节约了过量施用的30%的氮肥总量，实现了增产16%的效果，所以化肥用量控制到合理的范围不会减产。减肥主要是要把过高的用量降下来，但用量合理的地区要保持，用量少的地区还要提高一些，采用这种策略还会增产。我国构建了小麦、玉米、水稻三大粮食作物用量指标体系，如水稻的氮肥安全用量应该为7～12千克/亩，小麦5～19千克/亩，玉米8～19千克/亩。减肥也不是简单的减法，要减少某些过量投入的元素，如氮、磷、钾肥；也要考虑增加有机肥还田，以及补充钙、镁、锌等肥料。

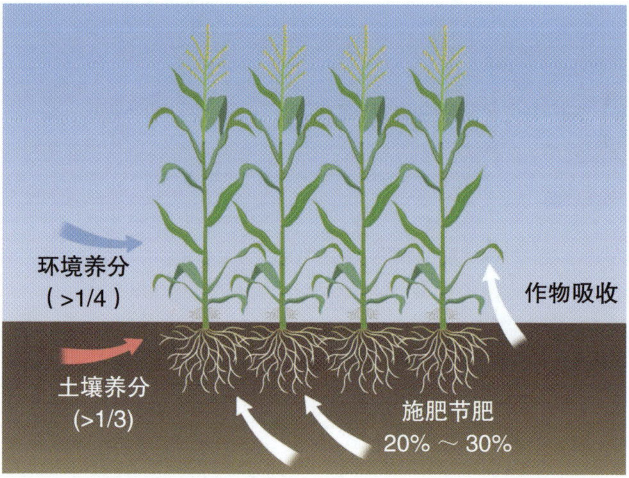

在集约化地区，科学减肥不仅不减产还会增产

山东，冬小麦，节氮30%，增产16%

控制化肥用量要以技术创新为前提。目前，很多地方过量投入化肥与肥料产品不合适和施用机械配套不足有关，要应用新的技术途径，如采用适合的肥料产品，也要考虑化肥与有机肥等产品的配合，同时采用机械化深施或者水肥一体化等方式提高肥料利用率。

控制化肥用量要与其他栽培措施配合实现增产。化肥控制到合理用量比过量施肥更容易获得高产，因为过量施肥往往抑制根系发育，从而导致产量不高。但目前主要的问题是化肥施用与其他栽培措施配合不足，过去 10 多年的试验证明，控制化肥用量在合埋水平，通过优良品种选择、播种技术调控、土壤改良措施、植保技术和灌溉技术优化，小麦、玉米、水稻可以增产 18% ～ 35%。

2015 年以来，全国实施了化肥用量零增长行动，目前已经实现了化肥用量“四连降”，不但不影响粮食产量，还实现了粮食产量稳步增长。三大粮食作物的氮肥利用率也从 2015 年的 35.2% 增长到了 2020 年的 40.2%。

化肥用量“四连降”，粮食产量在增长

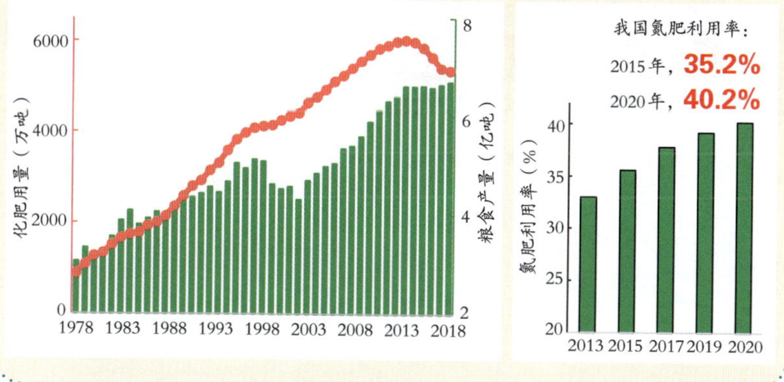

◇ 有机无机结合

农业农村部制订的《开展果菜茶有机肥替代化肥行动方案》很好地强调了有机无机结合的重要性，但是很多人对这一行动理解不到位，这里要重点说的是，有机肥替代化肥，不是全用有机肥，而是要有机无机结合。化肥和有机肥不是对立的，而是相辅相成的。对作物和土壤来讲，有机无机结合最好。研究表明，对香蕉采用有机无机结合施肥能够实现每亩增产 500 千克，同时有效地降低了挑把和裂果，提升了香蕉品质，产生了良好的经济效益，同时培育了健康的土壤。

正确认识《开展果菜茶有机肥替代化肥行动方案》

- 不是全用有机肥
- 也不是不用化肥
- 要有机无机结合

有机无机结合最好：高产、优质、土壤健康

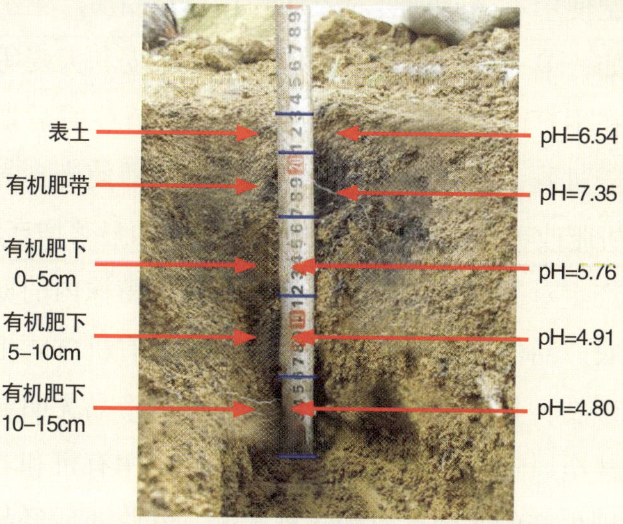

4.9 不用化肥的有机农业一定好吗？

很多人盲目崇拜有机食品的高品质，但并没有科学依据支撑。有机农业因其在生产中采用有机肥满足作物营养需求，完全或基本不用人工合成的肥料、农药、生长调节剂等物质而被广泛推崇。但实际上，有机肥施入土壤后，有机物质也需要被分解成为无机元素之后才能够被植物根系吸收利用。此外，由于有机肥中的养分分解和释放无法人为控制，不能按照作物生长需要的时间和需求量释放，所以有机肥使用不当同样会对农作物产量与品质产生不良影响。例如，单一施用有机肥易使水稻、小麦和大麦等禾谷类作物在生育前期发生氮素营养缺乏，而在生育后期发生氮素营养过剩，最终导致产量显著下降。即使当含氮量较小的有机肥改善作物的其他养分供应状况而显著增产时，也可能会产生对氮素的“稀释”效应，降低植株内的氮素含量，使农产品的蛋白质含量降低。此外，有机方式生产的农作物产品，其风味与非有机方式生产的产品无明显差异，有时甚至风味不如后者。研究表明，采用有机和非有机方式分别生产的 5 种蔬菜和 4 种水果，其收获后经品尝员鉴别并未发现口味存在明显差别。并且，相对于化肥农业，由于有机肥中养分含量较低，其施用总量通常是化肥的 10 倍甚至数十倍，额外成本投入较多。因此，唯有通过化肥与有机肥协同作用，方能同步提升当季作物产量以及农产品品质。

有机食品是不用化肥、农药等化学品生产的农产品。有人认为有机食品更安全、更营养、更健康，甚至更环保，但是有机食品只是满足部分高档消费人群需要的，不是所有人能吃得上、吃得起的。由于有机农业的产量要低于传统农业 30% 以上，这一农业模式难以保障 14 亿人口的粮食安全。

有机食品：不用化肥、农药等化学品生产的农产品

- 有人认为，这类食品更安全、更营养、更健康，甚至更环保
- 他们愿意花更多的钱消费这类食品
- 有机食品是满足部分高档消费人群需要的
- 有机农业比常规农业减产 30% 以上

4.10 少用化肥的绿色食品怎么样？

目前我国在大力发展绿色食品，这类产品是少用化肥、少用农药、禁用有毒高残留农药的。经过很多年的发展，我国目前已经有种类丰富的绿色食品，截至2019年底，全国绿色食品种植面积达2.08亿亩，企业15984家，产品36345个，产值4557亿元，带动农户2000多万户。在政策和法规指引下，绿色食品遵照140项专属规程或标准，坚持绿色可持续发展，落实“绿水青山就是金山银山”的理念，要求投入品减量化、生产清洁化、废弃物资源化、产业模式生态化，为我国农业绿色发展做出了巨大贡献。研究表明，绿色食品作为我国优质农产品的代表，不仅大幅度减肥节药，还提高了生产效益。绿色食品发展30年，氮肥减半+施用有机肥的模式为我国节省了大量的化学氮肥。与常规模式相比，绿色食品生产模式化学氮肥平均投入量下降39%，农药使用强度降低60%，而作物产量平均提高11%，土壤有机质提高10%以上，污染排放降低30%以上。绿色食品产业在推动经济发展、农民减贫增收方面做出突出贡献。生产绿色食品后，农企产值增加50%，农户收入增加 43%。为进一步推动绿色食品产业可持续发展，要坚持养分、农药等农资定额投入，提高资源效率，培育健康土壤，生产优质农产品。

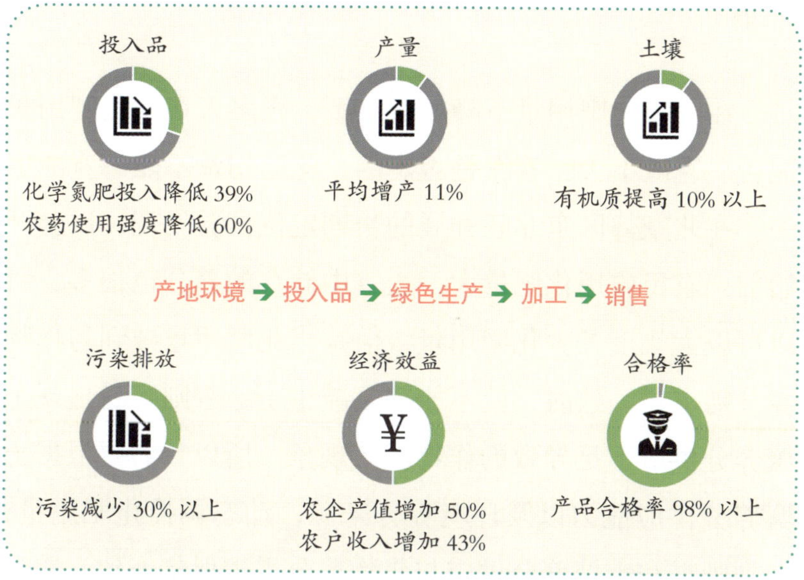

绿色食品

4.11 化肥用量不能一直减少

在国家化肥用量下降的背景下，很多人在问化肥用量能否一直减下去？答案是否定的，化肥用量不能一直减下去。在北京郊区东北旺开展的长期定位试验发现，试验开始前，农民施用化肥量大，土壤中储存的养分也很多，所以可以大幅度减少化肥用量，但是当化肥用量减到与作物养分需求量一致时，就不能继续减少了，否则容易出现土壤养分供应不足导致的作物减产现象。所以，需要根据土壤养分供应能力以及环境养分来源，动态调控化肥用量，做到肥料和土壤养分供应与作物养分需求保持一致，避免施肥过多了产生浪费，施肥过少了导致减产。

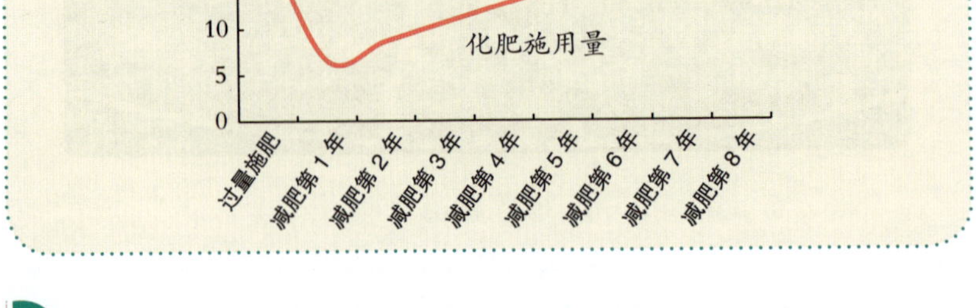

4.12 怎样科学施肥——测土配方施肥是根本

施肥就像吃饭一样，充满科学道理，到底应该怎么科学施肥呢？为了帮助农民掌握有关技术，国家一直在努力建立科学施肥服务体系。2004年温家宝总理前往湖北枝江市考察时，村民曾祥华向总理提出了测土配肥的需求。2005年以来测土配方施肥行动在全国开展，国家补贴了130多亿元人民币，为15亿亩耕地做了测土，专家根据测

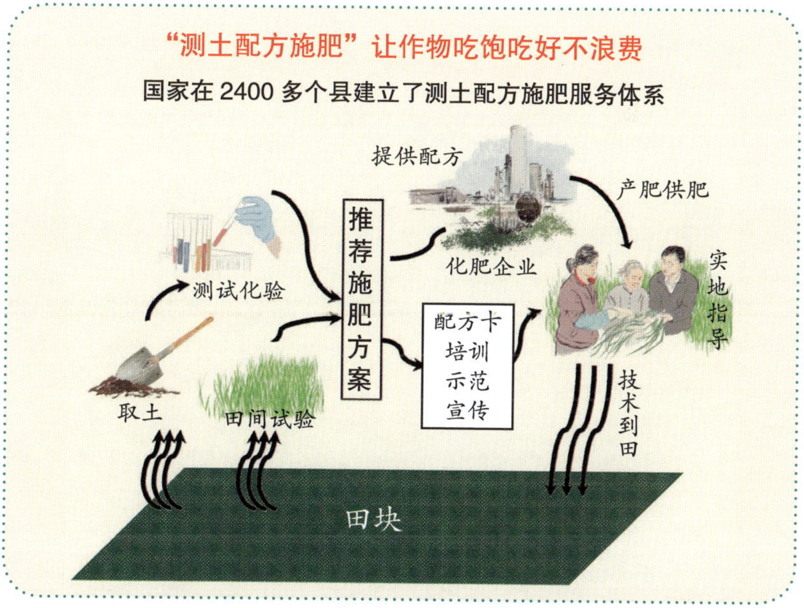

土结果来制订肥料配方，肥料企业生产配方肥，大家一起指导农民在自己的地里用好配方肥，实现了科学施肥。目前已经在全国 2400 多个县建立了测土配方施肥服务体系。

4.13 怎样科学施肥——用好化肥掌握八个“不”

新中国成立前，我国生产化肥是相当艰难的，用好化肥更是不易。土壤和作物都是有生命的，给作物施用化肥就得用心管理，在数量、位置、时间和产品上要因地因作物制宜，在实际应用时要做到八个“不”。

◇ 施肥量不能多也不能少

像人吃饭一样，吃得过多会导致消化不良以及多种慢性疾病，而过少又会导致营养不良。给作物施用化肥也必须控制用量，否则不仅会影响作物的产量和品质，还会造成肥料浪费和环境污染。施肥不足的影响比较容易理解，施肥过量的问题却未能得到很好的重视。施肥过量，尤其是氮、磷、钾等大量元素过量会导致作物“肥胖”而产生倒伏、易染病等问题，也会导致其他营养元素缺乏，最终影响产量和品质。确定合理的肥料用量不仅与作物的品种有关，也与作物的栽种密度、灌溉等管理方式有关，同样也与土壤养分供应能力有关，所以需要丰富的知识。为了降低农户决策难度，我国政府一直努力建立合理的施肥用量指标，如2005年以来在全国开展了测土配方施肥行动，通过检测土壤和作物来推荐合理的用量指标。

不能多也不能少：多了易倒伏，少了长不好

施肥过量导致玉米倒伏

施肥不足玉米早衰

◇ 施肥位置不能深也不能浅

作物主要通过根系吸收养分，因此把肥料施到根系周围是最好的。例如，相比于表面施用，水稻氮肥深施能够减少氮素损失，增加氮素吸收量和籽粒蛋白质含量。锌、铁、铜、锰等微量元素易被土壤固定，而通过根际施肥的方法，有助于改善土壤逆境条件下的作物微量元素养分缺乏状况。除根系外，植物叶片也具有吸收养分的能力，并且对某些养分的吸收能力比根系更强。例如，叶面喷锌的水稻籽粒锌含量明显高于土壤施锌。但由于我国缺乏机械设备，肥料撒施占比很大，造成肥料效率低、产量低、品质差、环境污染等问题，目前正在努力创新施肥机械和水肥一体化等技术。

施肥位置不能深也不能浅

撒施在地表作物根系够不着，挥发损失大

肥料利用率：

最低时 **27%**

目前超过 **40%**

◇ 施肥时间不能早也不能晚

农作物不同生育期对养分的需求不同，精确掌握不同生育期的肥料用量是高产和高品质的关键。以小麦为例，过去我国土壤肥力差，农户也不关注品质，所以把 70% 以上的氮肥用在生长前期。最近一些年我国发展了“前氮后移”技术，通过提高小麦中后期施氮比例，在增加小麦产量的同时提高强筋小麦籽粒中蛋白质含量，进而改善强筋小麦的烘焙品质。这是因为“前氮后移”可以避免生长前期施氮过多导致的营养生长过旺和无效分蘖对氮素的消耗，也可避免因籽粒产量增加而导致的“稀释”效应及籽粒蛋白质含量减少。当然，“前氮后移”技术也需因品种而异，对

施肥时间不能早也不能晚

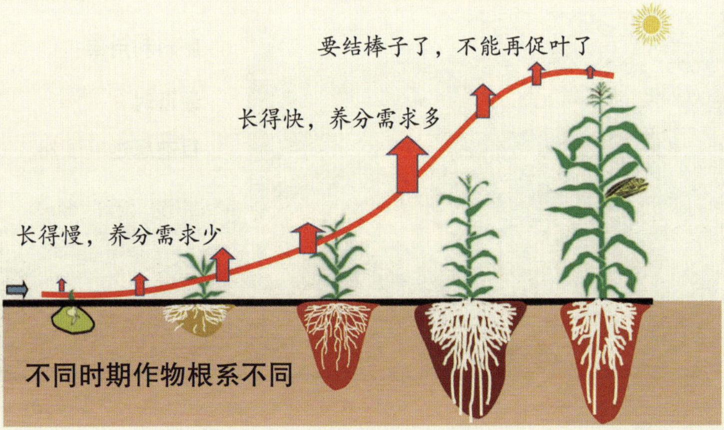

用于制作蛋糕、饼干等蓬松酥脆食品的弱筋小麦而言，“氮肥后移”会导致蛋白质含量提高，反而降低其烘焙品质。冬小麦追肥过晚，后期贪青晚熟易倒伏。

施肥过早过晚都会减产

冬小麦追肥早，前期长得过旺

冬小麦追肥晚，后期贪青晚熟易倒伏

◇ 不同作物施用不同肥料

化肥种类繁多，给每种作物选择合适的肥料至关重要，简单来说，叶菜类喜欢高氮复合肥，果菜类喜欢高钾复合肥。化肥用错了也会产生严重的后果，类似于人吃错药。例如，氮肥主要以铵态氮和硝态氮的形态存在，植物对铵态氮和硝态氮的吸收及代谢机制不同，多种植物在只供应铵态氮时易产生氨中毒症状。例如，黄瓜在供应铵态氮的条件下，叶片发黄，根系发育受阻，长势较差；而在铵态氮和硝态氮比为1∶1供应条件下生长状况最好。相比之下，水稻同化利用铵态氮的能力较强，对水稻供应较高用量的铵态氮并不会出现氨中毒症状，反而更有利于水稻生长。施氯化钾相比施硫酸钾可使蔬菜中硝酸盐含量更少，但是氯化钾中含有氯，会对葡萄、西瓜、茶树等忌氯作物的品质产生不良影响。

叶菜类，氮肥需求大

果菜类，钾肥需求大

水稻喜欢铵态氮

黄瓜喜欢铵硝搭配

不同作物用不同肥料

4.14 怎样科学施肥——科学选用增效肥料

随着农业绿色发展的推进，常规的尿素、磷酸二铵等化肥产品已经不能满足需要，增效肥料产品不断涌现，如能够控制养分释放的控释肥料、减缓氮素转化的稳定性肥料等。与常规化肥产品相比，这些化肥产品更好地满足了作物生长期的养分需求，能够更高效地给作物供应养分，有效地减少了肥料养分损失。但是要做到科学施用，用在适宜的地方。例如，控释肥有不同的养分释放期，需要根据作物生长动态选择不同养分释放期的肥料产品。玉米养分需求最大期是大喇叭口期，此时距离播种 40 ～ 60 天，所以，基肥要选择施用养分释放期为 45 天左右的控释肥最好；如果选择养分释放期更长的控释肥，就会错过玉米养分需求最紧迫的时期，造成养分供应不足，玉米生长缓慢。另外，控释肥还要考虑不同的包膜材料，如硫包衣尿素更适合于温度和湿度适宜的区域，在低温条件下，硫包衣尿素养分释放缓慢，如东北地区春季施肥就不适宜选用硫包衣尿素。又如，稳定性肥料，其中的抑制剂可分为脲酶抑制剂和硝化抑制剂两大类，分别用于控制氨挥发和硝酸盐淋洗损失，在北方高 pH 石灰性土壤及稻田等氨挥发损失较大的地区适宜用脲酶抑制剂，而在降雨量或者灌溉量大、淋洗损失严重的地区应该选用硝化抑制剂，如果用错反而导致养分利用效率降低。其他新型的肥料产品也都有其特性和适宜的生产应用场景，不能盲目施用，购买前应该充分了解其特性并针对当地土壤和作物需求合理选用。

稳定性肥料产品

4.15 怎样科学施肥——正确应用机械施肥

随着土地规模化和农业机械化的发展，机械施肥变得越来越普遍。相比于传统人工施肥，机械施肥能更好地控制肥料用量和施肥位置，并大幅度降低施肥作业成本，提高肥料利用率。在基肥和种肥机械化施肥方面，小麦的基肥施用通常采用肥料抛撒机，然后利用旋耕机械作业将肥料与土壤充分混合；玉米通常采用播种与种肥同施的技术，在播种机上配备施肥设备；水稻移栽也可以配备侧深施肥机械。在播种（移栽）与施肥同步时，肥料通常施在种子（或种苗）侧下方 5 ～ 7 cm 处。如果种肥施在与种子相同的位置，种肥的种类和用量要严格控制，避免“烧苗”。种肥通常采用磷酸二铵和磷酸一铵。在作物生育期间追肥时，固体肥料主要通过机械开沟施肥，小麦上也可以使用肥料抛撒机械。液体肥料则主要采用机械注肥等方法，在必要时，也可以通过无人机进行叶面追肥。

机械施肥还要考虑肥料颗粒的硬度、溶解度等多种指标，土壤施用时肥料颗粒的硬度和吸湿性很重要，如果肥料粉化严重、容易吸潮都会堵塞下肥管，从而出现施肥不均匀等问题。叶面施肥更要控制好肥料产品的溶解性和适宜浓度，同时考虑肥料的附着性，附着性好的叶面肥可以更长时间停留在作物叶面片上，从而提高肥料利用率。

玉米机械化追肥

4.16 怎样科学施肥——正确应用水肥一体化

农谚说“有收无收在于水，收多收少在于肥”，充分说明了水和肥对农作物生产的重要性及其相互关系。肥料养分需要在有水的时候才能逐步扩散与迁移到根系周围，进而被作物吸收利用，即“肥随水走”。要精准地实现“肥随水走”，就需要做到精准灌溉施肥，也就是常说的“水肥一体化”。

水肥一体化技术，特别是以滴灌为代表的微域灌溉技术，从传统的“灌溉土壤”变成了“灌溉根系”，在实现了灌溉与施肥一体化结合的同时，将水和肥精准施用到作物根层局部范围，真正做到了：什么时候需要什么时候供应，需要什么养分供应什么养分，需要多少供应多少，同时利用自动化、智能化技术，实现了大面积田块实时精准养分和水分管理。水肥一体化要正确控制灌溉量，很多农户灌溉量过大，会将肥料从根区淋洗到下层，反而导致脱肥；水肥一体化也要考虑肥料产品的选择，尤其是肥料溶解性，肥料溶解后剩余的不溶物一般要小于5%，当然越低越好。有些肥料产品不能一起施用，否则会发生沉淀反应导致管道堵塞，例如磷与镁、锌等金属阳离子容易形成难溶解的物质；含有硫酸根的肥料与钙肥容易形成难溶性的硫酸钙等。一方面可以控制元素肥料浓度，提高溶解度；另一方面可将镁、锌、钙等元素通过叶面喷施的方法进行补充。水肥一体化中要重视肥料施用时期、用量与配比的控制，做到与作物需求动态匹配，并不是一直施肥就更好，尤其是水果或者蔬菜类作物生长后期要控制氮素投入，适当增加钾、钙投入，以避免影响果实的成熟和品质。

菠萝水肥一体化田间场景

5 化肥与我们的未来

化肥是农业生产的重要基础物质，事关国家粮食安全、营养健康、土壤健康等国家战略，由此可见，化肥与国家安全也是紧密相关的。当前，我国粮食安全问题依然严峻，“要牢牢把住粮食安全主动权，粮食生产年年要抓紧”，又需要依托粮食安全保障营养健康，要从“吃得饱”转型发展到“吃得好”“吃得营养健康”，建设健康中国。面向2035 年远景目标，坚定不移实现农业现代化，要全面实施好“藏粮于地，藏粮于技”战略，需要用好化肥这一重要基础物质，更需要创新肥料科技，满足农业现代化生产需求。

5.1 化肥是粮食安全的“压舱石”

我国粮食安全问题仍然严峻，2020 年我国粮食进口达到 1.4 亿吨，其中大豆突破了 1 亿吨关口，奶制品、油料和水产都需要进口。我国面临人口增长和经济发展对主要农产品需求全面增长的挑战，预计 2029 年猪肉需求增长 27%，牛羊肉增长 16%，奶类增长 25%，水果增长 20%。因此，化肥是粮食安全的“压舱石”，用好化肥仍是农业生产的基本需求。

化肥是粮食安全的“压舱石”

人口增长、经济发展，我国粮食安全形势仍然严峻

2020 年进口	2029 年需求
粮食总进口 1.4 亿吨	主要农产品需求全面增长
大豆突破 1 亿吨关口	猪肉需求增长 27%
奶制品进口	牛羊肉需求增长 16%
油料进口	奶类需求增长 25%
水产进口	水果需求增长 20%

［国家海关总署统计数据；中国农业展望报告（2020—2029）］

5.2 化肥是健康中国、美丽中国的战略物资

面对日益增长的消费需求，高质量农产品需求快速增长，而目前我国农产品整体质量仍不够。我国小麦蛋白质含量平均在 13% 左右，但面筋强度很弱，只能用于家庭制作传统主食产品，如馒头和面条，无法满足工业化生产优质面条、饺子的需求。2017 年我国优质稻米率为 37%，而日本达到 70%，我国还有较大的上升空间。我国水果的优质果率只占水果总产量的 40% 左右，其中只有 5% 属于高档优质果。大幅度提高农产品优质率既能满足消费者需求，也是提高农民收入的重要途径。另外，面对我国隐性健康问题，改善饮食结构、提高饮食营养需求日益紧迫，目前我国有 3 亿人（世界上有 20 亿人）存在隐性饥饿和微量营养素缺乏问题。孕妇和儿童是微量营养素缺乏的高风险人群，全球有至少一半的儿童（6 个月至 5 岁）存在一种或多种微量营养素缺乏问题，常见的营养缺乏包括：维生素 A、铁、锌、碘、叶酸等，通过农产品营养强化仍是未来人体健康的重要途径。

化肥是保障健康中国、美丽中国的战略物资

小麦

优质专用小麦生产不足需求量：约 **1000** 万吨

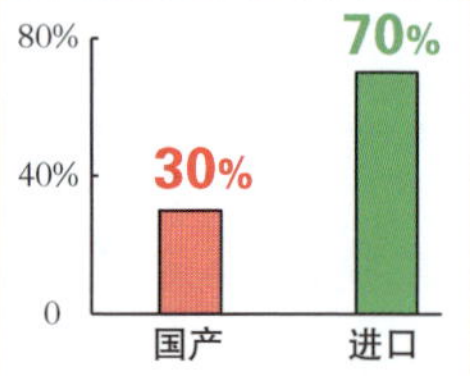

水稻

水稻优质率为 **37%**

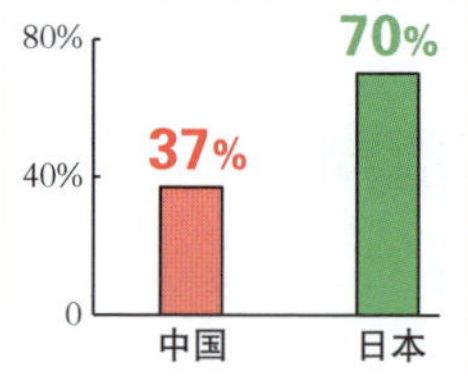

水果

水果优质率为 **40%**

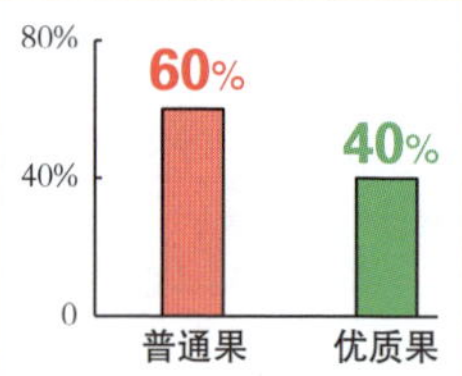

优质稻

5.3 化肥是耕地质量提升的“加油站”

耕地是粮食生产的命根子，化肥是耕地的“加油站”。耕地是最宝贵的农业资源，习近平总书记指出：“保障国家粮食安全根本在耕地，耕地是粮食生产的命根子”“耕地红线不仅是数量上的，也是质量上的”。我国耕地质量面临很大压力，中低产田面积有 13.91 亿亩，占我国耕地的 68.8%。其中 4.4 亿亩低产田存在明显生产障碍，与同类型高地力土壤生产力差距 70 ～ 120 千克 / 亩。另外，我国还有 19.4% 耕地存在污染物超标问题，其中 10% 的耕地存在重金属污染。需要通过化肥和有机肥的合理施用，消除障碍因子，增加有机物料还田量，改善耕层状况，培育健康土壤。

5.4 化肥产业对社会的贡献

我国化肥产业涉及国民经济多个行业，也承担着多个行业的创新发展重责。我国化肥产业是资源消耗大户，资源消耗量占全国总量的比例分别是：煤炭2%，天然气3%，磷矿80%，硫资源60%。我国化肥产业是流通领域大户，全年物流总量超过1.7亿吨次，占全国铁路运量的11%，公路5%，水运2%，是目前农业电商发展的关键卡口。

我国肥料产业也是就业大户，涉及科研、服务、流通、管理等领域近240万人员的就业，也与涉农的3亿人就业相关。我国化肥产业也是经济大户，工业总产值在农业投入品中居第一位，年产值约1万亿元；而间接带动的农业增产、提质价值空间更大，约8万亿元；农产品加工20万亿元；农业生产性服务2000亿元。当然我国化肥产业也是生态环境保护重点领域，包括工业排放控制、农业农村生态环境保护、园林绿化等。化肥产业对保障土壤健康、国家粮食安全、人类营养健康和我们地球家园绿水青山都有巨大的贡献。

化肥产业创新是农业现代化和第二个百年目标实现的重要支撑

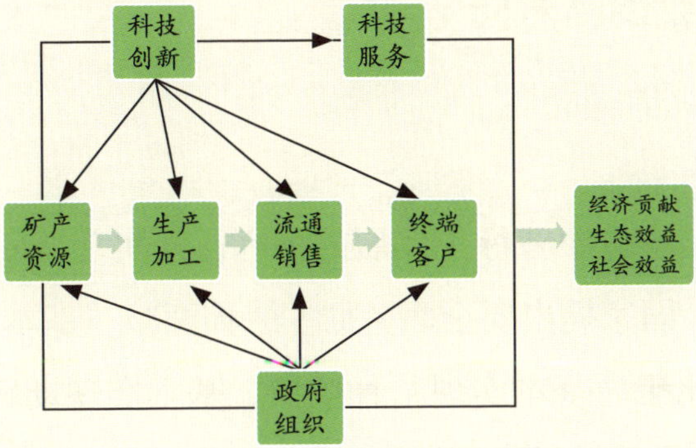

产值：

化肥 **10000** 亿元

农机 **6000** 亿元

农药 **3800** 亿元

种子 **3500** 亿元

资源：	运输：	就业：	经济贡献：	社会贡献：
煤炭 2%	铁路 11%	生产 80 万人	工业经济 1 万亿元	粮食安全
天然气 3%	公路 5%	服务 80 万人	农业增值 8 万亿元	营养健康
磷矿 80%	水运 2%	科教 80 万人	农产品加工 20 万亿元	绿水青山
硫资源 60%	（全国第三）	3 亿农业工作者	农业生产性服务 2000 亿元	…………

5.5 化肥产业创新方向

肥料创新也是推进农业绿色发展的核心，是实现 2060 年碳中和的关键。国家提出要全面贯彻“一控两减三基本”要求，其中减少化肥、基本实现秸秆还田、基本实现动物养殖粪污还田都与肥料相关。目前我国化肥用量已经实现“四连降”，到 2020 年肥料利用率达到了 40.2%，这是一个中等水平，距离 60% 的目标仍有很大差距。我国秸秆还田达到了 57%，但在东北地区、华南稻区仍有较大改进空间。我国有机废弃物处理率达到了 70%，但其中的有机养分还田率仅 40%，仍有大量有机养分未被还田利用。

我国化肥施用出现的负面问题是因为这一高科技产品没有采用先进的施用技术。我国没有建立完善的化肥生产 - 应用 - 服务体系，相当于没有医院测试化验、没有医生指导，患者在盲目服用药品。

满足未来发展的绿色产业体系，首先是构建完善的社会服务体系，要建立“庄稼医院”，要不断发展高效率低成本的测试化验设施条件，构建能够诊断开处方的专家队伍，构建肥料科学配置体系和施肥服务体系等，也要大幅度创新配套的机械和施肥设施；其次，要进一步根据土壤作物诊断结果设计创新肥料产品，提高产品的针对性，而且要把化肥作为战略科技加大创新，大幅度提高肥料生产过程中的资源效率、废弃物处理和综合循环利用，因为目前我国化肥能耗仍位于全球前列，日本已经在探索常温常压生产合成氨技术，我国要加强重大技术突破；最后，要加强肥料科学施用的管理体系，如农民素质认证、过量投入限制性法律体系等。

肥料产业创新是未来中国非常重要的一个方面。

首先，产业技术绿色升级，引领世界肥料发展。我国肥料产业位居世界第一，要继续加强化肥产业自主创新，要在资源全元利用、物质循环利用、全产业链升值利用等方面，进一步创新来引领全球肥料产业。

其次，通过农业应用技术数字化、智能化，推动绿色发展。要用数字化、智能化的技术来武装农业应用，在肥料的科学施用方面，大幅度地提高肥料利用率，提高肥料增产效率，减少肥料损失，减少对环境的影响，为农业绿色发展做出贡献。

最后，通过全产业链高质量融合发展创新来支撑社会经济发展，支撑人民生活改善，支撑美丽中国建设，支撑我们现代化强国建设的“中国梦”的实现。

所以，化肥产业创新是农业现代化与第二个百年目标实现的重要支撑。